包装设计
手绘实例教程

马丽 綦雪 陈英杰 编著

人民邮电出版社

北 京

图书在版编目（CIP）数据

包装设计手绘实例教程 / 马丽，綦雪，陈英杰编著
. -- 北京 : 人民邮电出版社，2020.5（2024.2重印）
ISBN 978-7-115-53206-0

Ⅰ. ①包… Ⅱ. ①马… ②綦… ③陈… Ⅲ. ①包装设
计—教材 Ⅳ. ①TB482

中国版本图书馆CIP数据核字(2020)第005868号

内 容 提 要

　　这是一本全面讲解包装设计手绘效果图绘制步骤与技巧的教程。内容涵盖包装的文字、图形、版面、造型等设计概念；包装设计手绘姿势、透视、配色、材料及工艺等基础知识；同时介绍包装分类，并对各类包装马克笔手绘快题设计进行题目解析、设计构思与绘制步骤讲解等。

　　随书附赠配套资源，包括400分钟在线教学视频与PPT课件，方便老师教学、学生学习使用。

　　本书可以帮助想要进入包装行业的从业者增强专业知识技能，也可作为高校包装设计、工业设计等相关专业和各类培训班的教材。

　◆　编　著　马　丽　綦　雪　陈英杰
　　　责任编辑　张丹阳
　　　责任印制　马振武
　◆　人民邮电出版社出版发行　　北京市丰台区成寿寺路11号
　　　邮编　100164　电子邮件　315@ptpress.com.cn
　　　网址　http://www.ptpress.com.cn
　　　北京虎彩文化传播有限公司印刷
　◆　开本：787×1092　1/16
　　　印张：11.5　　　　　　　　　　2020年5月第1版
　　　字数：352千字　　　　　　　2024年2月北京第5次印刷
　　　　　　　　　　　　定价：59.00元
　　读者服务热线：(010)81055410　印装质量热线：(010)81055316
　　　　　　　　反盗版热线：(010)81055315
　　　广告经营许可证：京东市监广登字20170147号

前　言
Foreword

　　在经济全球化的今天，包装与商品已经融为一体，包装是实现商品价值的重要手段，在生产、运输、销售和消费等过程中，发挥着极为重要的作用。包装是商品和艺术的结合，是一个集合市场营销、消费心理、材料工艺、结构造型、装潢设计的复合学科。手绘效果图是包装设计人员需具备的基本技能，掌握手绘效果图技巧能快速、有效地表现产品的包装设计方案。

　　本书第1章详细介绍了包装设计中的文字设计、图案设计、色彩应用及容器设计等，并对整体包装设计进行了介绍与分类。第2章主要对包装设计材料及工艺进行分类介绍，主要讲解了不同材质的特性，不同工艺技术的表现，以及印刷工艺方面的知识。第3章主要介绍包装设计手绘常用工具与材料、色彩原理、透视关系及手绘姿势等手绘基础知识，让读者对包装设计手绘基础知识有个初步的了解，为后面内容的学习打下坚实的基础。第4~8章主要对包装设计进行分类，并对每个类别进行介绍和分析，每个分类均附有包装快题解析及题目解析、设计构思和绘制步骤分析。这几章以马克笔为主要绘制工具，与其他基础工具搭配，可快速绘制出产品手绘效果图。

　　本书由沈阳化工大学的马丽、綦雪、陈英杰编著，这是作者多年从事马克笔手绘及包装设计的经验总结，力图为读者提供最实用的案例欣赏及解析。因作者水平有限，加之编写时间仓促，书中不足之处在所难免，恳请广大读者批评指正。

资源与支持
Resources and support

　　本书由数艺社出品，"数艺社"社区平台（www.shuyishe.com）为您提供后续服务。　**资源获取请扫码**

配套资源

随书提供400分钟教学视频，以及PPT教学课件，方便老师教学和学生学习使用。

"数艺社"社区平台，为艺术设计从业者提供专业的教育产品。

与我们联系

　　我们的联系邮箱是 szys@ptpress.com.cn。如果您对本书有任何疑问或建议，请您发邮件给我们，并请在邮件标题中注明本书书名及ISBN，以便我们更高效地做出反馈。

　　如果您有兴趣出版图书、录制教学课程，或者参与技术审校等工作，可以发邮件给我们；有意出版图书的作者也可以到"数艺社"社区平台在线投稿（直接访问 www.shuyishe.com 即可）。如果学校、培训机构或企业想批量购买本书或数艺社出版的其他图书，也可以发邮件联系我们。

　　如果您在网上发现针对数艺社出品图书的各种形式的盗版行为，包括对图书全部或部分内容的非授权传播，请您将怀疑有侵权行为的链接通过邮件发给我们。您的这一举动是对作者权益的保护，也是我们持续为您提供有价值的内容的动力之源。

目 录
Contents

第1章
包装设计概述

1.1 什么是包装设计 8
1.2 为什么要学习包装设计手绘........... 9
1.3 手绘包装的优势 9
1.4 手绘对包装设计师的意义 10
1.5 包装设计与消费心理 10
   1.5.1 消费心理学的研究内容........ 10
   1.5.2 消费心理学的研究原则 11
1.6 包装设计法则 11
1.7 包装的功能 12
1.8 包装设计的可持续性 14
1.9 包装的分类 15
   1.9.1 按包装的材质分类 15
   1.9.2 按包装的用途分类 16
   1.9.3 按包装的技术分类 16
   1.9.4 按包装的结构分类 17
1.10 包装设计的程序与方法 17
1.11 包装设计中的比例尺度 18
1.12 定位设计的3个基本因素 19
1.13 包装设计图纸的类型 20
1.14 评估包装设计的基本标准 21
1.15 优秀包装设计的必备条件 21
1.16 如何培养包装设计的创新思维 22
1.17 包装的文字设计 23
   1.17.1 产品包装中文字的类型 23
   1.17.2 产品包装中文字设计的原则 24
1.18 包装的图形设计 25
   1.18.1 实物图形 25
   1.18.2 象征性图形 26
   1.18.3 标志图形 27
   1.18.4 装饰图形条形码...........27
1.19 包装的色彩设计 27
   1.19.1 包装色彩设计的特点 28

1.19.2 包装色彩设计的原则............28
1.19.3 包装色彩的对比与调和 29
1.19.4 色彩在包装设计中的心理效应......30
1.20 包装的版面设计 31
   1.20.1 包装的版面设计原则...........32
   1.20.2 包装设计元素的编排 32
1.21 包装容器造型设计 33
   1.21.1 包装容器设计的形式和规律 33
   1.21.2 包装容器设计的方法和步骤......34
   1.21.3 包装容器的造型方法 34
   1.21.4 包装容器模型的制作方法.......35

第2章
包装设计的材料及其工艺

2.1 纸包装材料 37
   2.1.1 纸包装材料的特性 37
   2.1.2 纸质容器 39
   2.1.3 纸包装材料的绘制 39
2.2 塑料包装材料 40
   2.2.1 塑料包装材料的特性 40
   2.2.2 塑料包装的分类 40
   2.2.3 塑料包装材料的绘制 41
2.3 金属包装材料 42
   2.3.1 金属包装材料的特性 43
   2.3.2 金属包装的工艺技术 44
   2.3.3 金属包装材料的绘制 44
2.4 玻璃包装材料 46
   2.4.1 玻璃的特性 46
   2.4.2 玻璃包装的工艺技术 47
   2.4.3 玻璃包装材料的绘制 47
2.5 陶瓷包装材料 48
   2.5.1 陶瓷材料在包装设计中的应用 49
   2.5.2 陶瓷包装的工艺技术 50

2.6 新型环保材料 50
    2.6.1 常见的新型环保材料 51
    2.6.2 新型环保材料的选择 51
2.7 天然材料 51
2.8 复合材料 52
2.9 包装印刷工艺、类型及方法 53
    2.9.1 印刷工艺 53
    2.9.2 印刷的类型 54
    2.9.3 常见印刷方法及其应用 55

第3章
包装设计手绘基础

3.1 常用工具与材料 58
    3.1.1 绘图铅笔 58
    3.1.2 自动铅笔 58
    3.1.3 针管笔 59
    3.1.4 马克笔. 60
    3.1.5 绘图纸张 62
    3.1.6 橡皮 62
3.2 色彩的原理 63
    3.2.1 色彩的属性 63
    3.2.2 色彩的3种类型 63
    3.2.3 色彩的特性 63
3.3 透视关系 64
    3.3.1 透视原理 64
    3.3.2 一点透视 64
    3.3.3 两点透视 65
    3.3.4 三点透视 65
3.4 手绘姿势 66
    3.4.1 握笔姿势 66
    3.4.2 坐姿 66

第4章
食品包装设计案例解析

4.1 食品包装的设计原则 68
4.2 食品包装的规格 68
4.3 食品包装设计的方法和步骤 70
4.4 零食包装快题设计 71
4.5 饮料包装快题设计 75
4.6 粮油包装快题设计 79
4.7 酸奶包装快题设计 83
4.8 啤酒包装快题设计 87

第5章
盒装包装设计案例解析

5.1 盒装包装设计概况 93
    5.1.1 纸盒包装的发展与现状 93
    5.1.2 纸盒包装的种类 93
    5.1.3 纸盒包装的选材 94
    5.1.4 纸盒包装结构设计 94
    5.1.5 纸盒包装的优势 94
    5.1.6 纸盒折叠方法 94
    5.1.7 盒装包装尺寸标注的类型 95
    5.1.8 常用的基本盒型结构 96
    5.1.9 特殊形态纸盒结构设计 99
    5.1.10 纸盒包装设计制图符号 101
5.2 盒装巧克力包装快题设计 102
5.3 盒装牛奶包装快题设计 105
5.4 盒装糕点包装快题设计 109
5.5 盒装茶叶包装快题设计 112
5.6 盒装月饼包装快题设计 115
5.7 盒装药品包装快题设计 119

第6章
瓶罐装包装设计案例解析

6.1 罐装包装设计概述 123
    6.1.1 罐装包装尺寸要求 123
    6.1.2 罐装包装设计方法 124
    6.1.3 罐装包装的类型 124
6.2 罐装包装快题设计 125
    6.2.1 罐装八宝粥包装设计 125
    6.2.2 罐装奶粉包装设计 129

　　　　6.2.3 罐装坚果包装设计............. 132

6.3 瓶装包装快题设计.................. 136

第7章
创意包装设计案例解析

7.1 创意包装设计概述.................. 141
　　　　7.1.1 创意包装设计的原则............. 141
　　　　7.1.2 创意包装设计的方法和要点........ 142

7.2 创意包装快题设计.................. 143
　　　　7.2.1 日用品包装设计............. 143
　　　　7.2.2 化妆品包装设计............. 146
　　　　7.2.3 科技电子产品包装设计........ 151
　　　　7.2.4 儿童玩具包装设计.......... 154
　　　　7.2.5 礼品包装设计.............. 159

第8章
系列化包装设计案例解析

8.1 系列化包装设计概述.................. 164
　　　　8.1.1 系列化包装设计理念.............. 164
　　　　8.1.2 系列化包装视觉传达设计形式 ... 165
　　　　8.1.3 系列化包装设计的新趋势 166
　　　　8.1.4 产品包装设计理念及设计目标 ... 167
　　　　8.1.5 概念包装.................. 167
　　　　8.1.6 最终生产制图与模型制作 168

8.2 系列化包装设计考题解析.............. 169

8.3 糖果系列包装快题设计................ 169

8.4 花卉种子系列包装快题设计............ 174

8.5 花果茶系列包装快题设计............. 177

8.6 甜品系列包装快题设计................ 181

第1章
包装设计概述

| 本 章 要 点 |

本章主要介绍什么是包装设计，为什么要学习包装设计手绘，手绘包装的优势，手绘对包装设计师的意义，以及包装设计与消费心理等内容。

1.1 什么是包装设计

"为了保证商品的原有状态及质量在运输、流动、交易、存储及使用时不受到损害和影响，而对商品所采取的一系列技术手段叫包装。"这是对包装的狭义定义。广义上来说，一切进入流通领域的拥有商业价值的事物的外部形式都是包装。

包装是伴随商品的出现而产生并发展的，最初是为了使商品在流通中更好地被保存和运输。随着经济的发展，市场竞争的激烈，包装的作用从最初的保护商品、方便运输扩展到了推销商品、塑造品牌乃至树立企业形象的范畴。

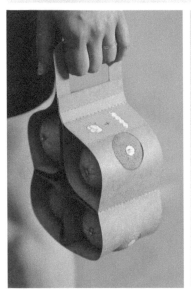

包装设计风格各异，形式多样，从原始纯朴的民俗民族包装到先锋前卫的现代创意包装，从风格俭朴的传统包装到风格华丽，甚至豪华过度的包装等。即便是同样的包装式样，也能设计成粗犷雄健或细腻柔美的两极化风格。各式包装都可以有大小、长短、宽窄的不同设计，以便人们从中自由选择。

包装设计将美术与自然科学相结合，运用到产品的包装保护和美化方面，它不是广义的"美术"，也不是单纯的装潢，而是包含科学、艺术、材料、经济、心理、市场等众多要素的多功能的体现。

1.2 为什么要学习包装设计手绘

　　手绘设计与计算机设计的目的是相同的，只是两者所采用的工具不同。两者同为设计师展示的创造性思维，没有高低优劣之分，同为进行某种视觉方式的表达。

　　计算机设计的特点是精确、高效、便于更改，还可以大量复制，操作非常便捷。但使用计算机制作的设计，难免较呆板、冰冷，缺少生气。而手绘设计，通常是作者设计思想的真实体现，可以较直接地传达作者的设计理念，其艺术特点和优势决定了它在设计中的地位和作用。

1.3 手绘包装的优势

　　手绘是包装设计师的必备技能之一，手绘包装的优势主要表现在以下几个方面。

　　（1）手绘包装设计效果图是研究、推敲设计方案，表达构思的重要语言，可以快速展示设计效果并供甲、乙双方交流分析，比电脑工程图便捷。

　　（2）手绘过程可以对人的设计思维产生启发性的作用。

　　（3）手绘能够很好地锻炼设计师的空间概念，包括目标物的构造层次，如点、线、面的空间关系等。手绘同时也能锻炼设计师心、脑、手的默契配合。

1.4 手绘对包装设计师的意义

手绘效果图作为一种传统表现技法，以其强烈的感染力，向人们传达设计师的创作理念和感情。在追求形式完美、提高艺术修养、强化设计语言的同时，设计师也越来越青睐手绘表现。手绘效果图在包装设计中有着不可替代的作用和意义。

对包装设计师来说，手绘设计的学习应贯穿职业生涯的全过程。手绘是设计思维由脑向手的延伸，并最终艺术化地表达出来的过程，它不仅要求设计师具有深厚的绘画表现功底，还要求设计师具有丰富的创作灵感，当设计方案经过逐层的深化后，手绘中也会增加更多的设计细节。

设计手绘是设计师徒手进行表达的工具，设计师可以把所见、所想的设计相关信息记录下来，它也是进行设计交流的最方便、最快速的工具。对于客户和其他设计师而言，一幅完整的手绘图可以让他们提前感受到真实的产品包装生产出来的模样。

因此，手绘是包装设计师的必备技能之一。

1.5 包装设计与消费心理

消费心理学是心理学的一个重要分支，它研究消费者在消费活动中的心理活动规律及个性心理特征，是消费经济学的组成部分。研究消费心理，对于消费者来说，可提高消费效益；对于经营者来说，可提高经营效益；对于设计者来说，可满足消费者心理。

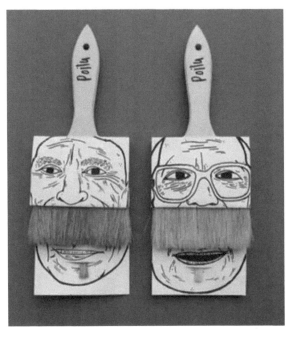
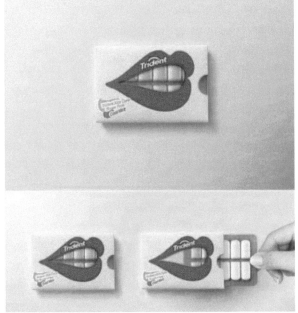

1.5.1 消费心理学的研究内容

影响消费者购买行为的内在条件，包括消费者的个性心理特征、消费者购买过程中的心理活动、影响消费者行为的心理因素。

影响消费者心理及行为的外部条件，包括社会环境对消费心理的影响、消费者群体对消费心理的影响、消费态势对消费心理的影响、商品因素对消费心理的影响、购物环境对消费心理的影响、营销沟通对消费心理的影响。

1.5.2　消费心理学的研究原则

消费心理学的研究原则如下。

（1）理论联系实际原则。

（2）客观性原则。

（3）全面性原则。

（4）发展性原则。

设计心理学作为设计师必须掌握的一门理论性学科，是建立在心理学基础上的，它是把人们的心理状态，尤其是把人们的心理需求通过意识作用于设计的一门学科。设计心理学同时研究人们在设计创造过程中的心态，以及设计给社会和社会个体所带来的反应，使设计更能够反映和满足人们的消费心理。精美包装的吸引力通常可使顾客的实际购买量比预期购买量增加 45%，这在商品销售中是常有的现象。由此可见，一个优秀的包装设计可以在很大程度上提高商品的销量。

1.6　包装设计法则

包装设计能体现设计师是否具有商业设计思维，是品牌标志及视觉识别体系的更深层次的结合。

设计表现在艺术的范畴中可以理解为感觉艺术，在理性设计与感性表现之间，设计师应始终保持在激情的状态中去发现、感受和创造美的事物，保留艺术美的新鲜感受，将其同艺术灵感一起注入具体的形象和画面之中。表现风格是设计师的表达习惯与技法个性在构图安排、塑造形态、表现色彩、协调画面效果中反复充分的体现，它的形成取决于设计师的以下 4 个素质条件。

（1）设计师在长期设计实践中积累的方法和经验。

（2）设计师对客观物象美的敏感度和正确判断。

（3）艺术先天灵性与后天修养的双重具备。

（4）具备思学磨炼精神，善于感悟艺术哲理。

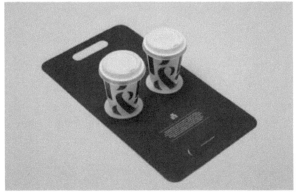

1.7 包装的功能

包装具有提升商品价值的作用。下面针对包装保护商品、便利作用、促进销售的功能进行详细介绍。

1. 保护商品

保护商品不受外力破坏是包装最基本的功能。商品具有各种各样的质地和形态，如固态、液态、粉末状或膏状等。一件商品要经过多次流通，才能进入消费者手中。这期间，包装需要经过搬运装卸、储存等过程，可能会遭受冲撞、挤压、受潮、腐蚀等不同程度的损坏。为使商品保持完好状态，使各类损失降到最低点，在开始设计之前，设计师首先要考虑包装的结构和材料。

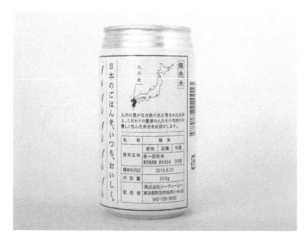

2. 便利作用

便利作用是指商品的包装是否便于储存、运输、携带、使用等。一个好的包装作品，应该以"人"为本，站在消费者的角度考虑，这样会拉近消费者与企业的距离，增强消费者对商品的信任度，增强购买欲。

3. 促进销售

好的包装设计不仅使消费者熟悉商品，还能增强消费者对商品品牌的记忆与好感，既可以起到宣传作用，又能提高审美性。

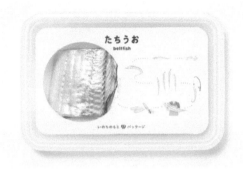

1.8 包装设计的可持续性

可持续性设计要求人与自然和谐发展，设计出既能满足当代人需要又兼顾子孙后代发展需要的包装。

现今包装业的发展给社会带来了大量的包装废弃物，严重破坏了人们的生存环境。为了实现对环境质量的有效保护和自然资源的合理运用，"可持续发展"逐渐被人们关注并认可，"可持续性包装设计"前景广泛。现在，人们越来越崇尚简约设计、环保设计，新型环保材料的出现也加快了可持续包装设计发展的步伐。

1.9 包装的分类

商品包装种类繁多、形态各异，其功能作用也各有不同，我们把包装进行以下分类。

1.9.1 按包装的材质分类

包装材料是指用于制造包装容器、包装装潢、包装印刷、包装运输等满足产品包装要求所使用的材料，它既包括金属、塑料、玻璃、陶瓷、纸、竹本、天然纤维、化学纤维、复合材料等主要包装材料，又包括捆扎带、装潢材料、印刷材料等辅助材料。包装材料是包装的物质基础，是包装功能的物质承担者。

纸包装常用材料：包装纸、蜂窝纸、纸袋纸、干燥剂包装纸、蜂窝纸板、牛皮纸、工业纸板、蜂窝纸芯。

塑料包装常用材料：PP 打包带、PET 打包带、撕裂膜、缠绕膜、封箱胶带、热收缩膜、塑料膜、中空板。

复合类软包装常用材料：软包装、镀铝膜、铁芯线、铝箔复合膜、真空镀铝纸、复合膜、复合纸、BOPP。

金属包装常用材料：马口铁铝箔、桶箍、钢带、打包扣、泡罩铝、PTP 铝箔、铝板、钢扣。

陶瓷包装常用材料：陶瓷瓶、陶瓷缸、陶瓷坛、陶瓷壶。

玻璃包装常用材料：玻璃瓶、玻璃罐、玻璃盒。

木材包装常用材料：木材制品和人造木材板材（如胶合板、纤维板）制成的包装，如木箱、木桶、木匣、木夹板、纤维板箱、胶合板箱及木制托盘等。

1.9.2　按包装的用途分类

按用途，包装可分为以下几类。

（1）周转包装：是介于器具和运输包装之间的一类容器，可反复使用。

（2）运输包装：以保护物品安全流通、方便储运为主要功能目的的包装。

（3）销售包装：直接进入商店陈列销售，与产品一起到达消费者手里。

（4）礼品包装：以馈赠礼物表达情谊为主要目的的包装。

1.9.3　按包装的技术分类

包装技术有以下几大类。

（1）包装干燥：由过去的热烘转向紫外光固化。

（2）包装印刷：更为多样化，高档商品包装已采用丝印和凹印。

（3）防伪包装：由局部印刷或制作转向整体式大面积的防伪印刷。

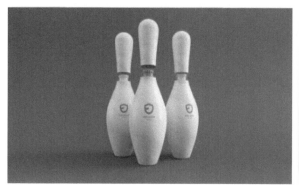

1.9.4　按包装的结构分类

包装结构设计直接影响包装容器的强度、刚度、结果稳定性和可靠性，以及直接关系到容器产品的制造工艺、经济性等。

包装结构造型是包装材料和包装技术的具体形式构成。

常见的包装结构有盒式、罐式、袋式、瓶式、碗式、盘式、罩式等。包装结构设计需要依据科学原理，采用不同材料、不同成型方式对包装的外形结构及内部结构进行设计，它是包装各部分之间相互作用、相互联系的完整体系。

1.10　包装设计的程序与方法

包装设计的基本流程可以分为以下 3 个阶段。

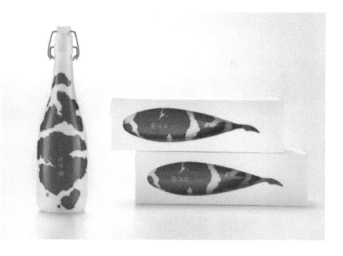

1. 与客户沟通

接到包装设计任务后，不能盲目开始设计，首先应该与客户充分沟通，以了解其详细的需求。

（1）了解产品本身的特性。例如，产品的重量、体积、防潮性及使用方法等。各种产品有各自的特点，要针对产品的特性来选择应该使用的材料与设计的方法。

（2）了解产品的使用者。消费者有不同的年龄层次、文化层次和经济状况，因而在商品选择上有所差异，那么包装就得有一定的针对性才能更好地发挥其作用。

（3）了解产品的销售方式。产品只有通过销售才能成为真正意义上的商品，一般情况下有在商场或超市的货架上销售、在线销售等销售方式，在包装形式上就应该有所区别。

（4）了解产品的成本。对成本的了解直接影响着包装设计的方案，设计师需要了解产品的售价、包装和广告费用等。客户喜欢设计师把成本降到最低。

（5）了解产品背景。首先，应了解企业对包装设计的要求；其次，要掌握企业识别的有关规定；再次，应明确产品是新产品还是换代产品。

2. 市场调研

市场调研是设计之前的一个重要环节，设计师只有通过市场调研才能从总体上把握产品，这样对制定出合理的设计方案有很大帮助。

市场调研的过程为：首先，了解产品的市场需求，设计者应该从市场需求出发挖掘目标消费群，从而制定产品的包装策略；其次，了解包装市场状况，即了解目前包装市场现况及发展趋势并进行评估，设计出受欢迎的包装形式；再次，对同类产品的包装进行了解，即要分析同类产品包装的优劣势，从各个角度去分析调查，以设计出最合理的包装作品。

3. 制定包装设计计划

通过以上的信息收集与分析，拟订合理的包装设计计划及工作进度表。

1.11 包装设计中的比例尺度

纸盒尺寸标注有以下 3 种类型。

（1）制造尺寸。纸盒的制造尺寸标注在结构设计展开图（工作图）上，可用 × 表示，直角六面体纸盒、纸箱的内尺寸用 L×W×D 表示。

（2）内尺寸。即纸盒成型后构成内部空间的尺寸。内尺寸一般由包装物的数量、形状、大小或内包装的形式、大小决定，是纸容器结构设计的重要依据。在包装盒设计过程中，制造尺寸要依据内尺寸计算确定，以保证按照制造尺寸加工的容器，成型后满足内尺寸，即容积量的要求。

（3）外尺寸。外尺寸是外包装、运输包装及储运、堆码及货架尺寸的设计依据，反映容器所占空间体积的大小。

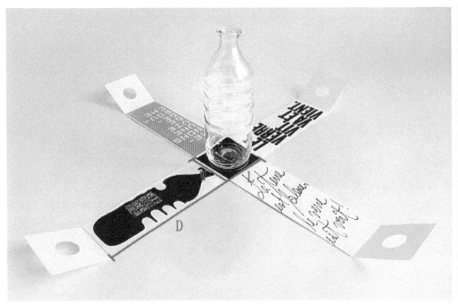
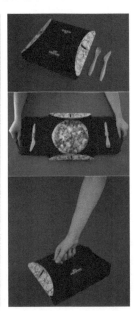

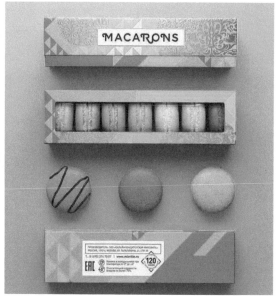

1.12　定位设计的 3 个基本因素

定位设计把需要传递的信息分为以下 3 个基本因素。

一是品牌定位，也叫商标定位、生产商定位，它着力于产品品牌信息、品牌形象的表现。对于新产品和人们熟知产品的包装设计，品牌定位很重要。

二是产品定位。商家在包装上标明产品相关内容，使购买者迅速识别这是什么商品，它有什么特点，是大众化商品还是高档商品等。

三是消费者定位。使消费者一目了然，明确该产品的目标客户群体。

1.13 包装设计图纸的类型

包装设计图纸类型丰富，常用的有透视图、效果图、展开图等。接下来针对长方形和正方形纸箱包装不同类型的设计图纸进行展示。

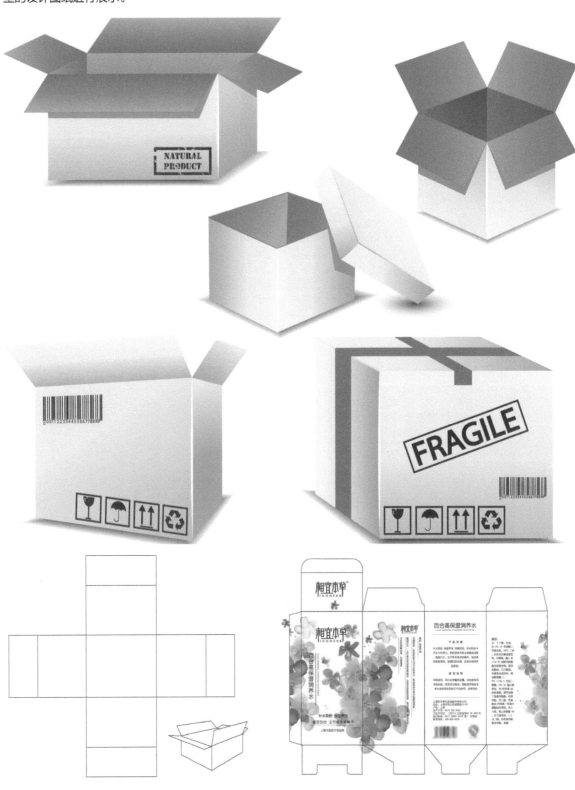

效果图能直观、生动地表达设计师的设计意图，使用效果图可以使观者进一步认识和肯定设计师的设计理念与设计思想。

手绘效果图时，应该将重点放在造型、色彩和质感的表现上，还应注意设计思路、构图布局。

下面以罐装啤酒包装设计的三视图为例进行展示。

后视图　　　　　　　前视图　　　　　　　　　　　　侧视图

1.14　评估包装设计的基本标准

成功的包装设计必须具备货架印象、可读性、外观图案、商标印象、功能特点说明等 5 个要点，包装设计的评估包括运输环境评估、产品性能评估、包装性能评估、包装成本评估 4 个方面。

1.15　优秀包装设计的必备条件

功能性、市场性、人文性、环保性是包装设计缺一不可的条件。优秀的包装设计不仅要重视功能性，而且还要使技术性和艺术性相结合，需要体现不同消费群体的审美情趣及文化内涵。

（1）具备良好的科学性。这主要指包装在材料的选择、形态结构的设计上要能很好地保护和保存产品，能有效地配合运输、仓储、装卸等流通环节的操作，使消费者在使用、携带、保存商品等方面更加方便。

（2）具备设计上的准确性。指包装信息传达的准确性，好的包装要让顾客快速了解到商品各方面的信息。

（3）具有经济性。指以较低的成本来实现包装的功能。

（4）具有美感。对美的追求是人类永恒的主题，美的东西总是会吸引消费者的眼球。

（5）具备时代感。每一个时代都有其特征，如在生活环境、生活方式、审美等方面的特征，设计具备该时代的特征更容易被消费者接受。

1.16　如何培养包装设计的创新思维

创新意识可以通过培养与训练来提高，又可以在生活中积累，还能在联想与潜能训练中提升。

扩散性思维是指思考者根据已有的知识、经验，从不同角度进行不同层次的思考，这种思维方式能够有效地锻炼思维的流畅性和灵活性，避免常规思维的单一性。

集中性思维又叫作收敛思维，是指运用已有的信息，朝着一个方向去获得问题答案的思维过程，它是创新思维的另一重要组成部分。

逆向思维是指思维顺序倒逆，一般通过相反的角度和立场思考问题，再对结果或结论的原因和条件进行分析。

1.17　包装的文字设计

文字是一种符号，可以传达思想，交流感情和信息，还能够表达一种主题的内容。商品包装上的文字可以反映商品的本质内容，设计师在设计包装时需要把文字作为整体设计的一部分来考虑。商品包装上常见的文字内容有牌号、品名、说明文字、广告文字等。

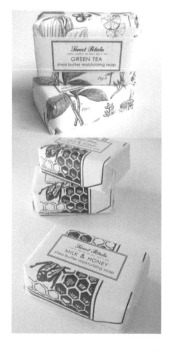

1.17.1　产品包装中文字的类型

包装设计通常都具有其独特的风格，能够起到快速区分商品特征的作用，所以包装设计的风格是设计师们重点探索和研究的内容之一。

产品包装中的文字是设计风格的影响因素之一，下面针对包装中各类文字的用途进行分析。

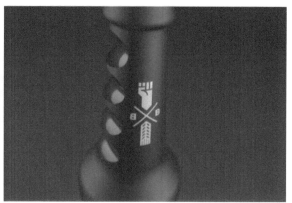

1. 品牌文字

品牌文字包括包装牌号、品名和出产企业名称。一般安排在主要展示面上，生产企业名称也可以编排在侧面或背面。牌名字体一般做规范化处理，有助于树立产品形象，同时品名文字可以加以装饰变化。

2. 说明文字

说明文字用来说明产品用途、用法、保养方法、注意事项等。文字内容要简单明确，字体应采用印刷体，一般不编排在包装的正面。

3. 广告文字

广告文字是宣传产品特点的推销性文字，内容应做到诚实、简洁、生动，切忌欺骗与啰唆，其编排部位多变。广告文字并非必要文字。

1.17.2 产品包装中文字设计的原则

包装中的文字内容要简明、真实、易读易记，字体设计需要反映商品的特点和性质，文字的编排与包装的整体设计风格还需要和谐、统一。

1. 字体选择

包装设计中的字体选择，一般要注意以下要点。

（1）字体首先要体现内容的属性特点，字体应有良好的识别性和可读性，特别是书法体的运用，如果某字体一般消费者看不懂，应进行调整和改进，使之既能为大众所接受，又不失其艺术风味。

（2）同一名称和同一内容的字体风格要一致。

（3）出口商品或者内外销商品包装上的文字设计必然会涉及外国文字的运用。

拉丁字母包装设计范例1   拉丁字母包装设计范例2

2. 文字的识别

文字是传达包装设计必不可少的元素，好的包装设计都十分重视文字设计。在设计文字时，要选择字形清晰易辨、表现力强的文字，尽量做到合适、简洁、生动。

3. 文字之间的协调性

文字在画面的设置还要考虑整体画面的协调性和艺术性。文字作为平面设计的一种表现手法，在与画面的搭配上既要防止视觉的冲突和视觉顺序的混乱，又要防止文字在画面上主次不分，破坏平面作品的意义和气氛。在细节上，应该注重文字和图案的合并，使其互相不受影响，也要注意文字的排版和距离等多种因素，从而给消费者带来舒服的视觉体验。

4. 品牌文字的创新性

对于不同的商品品牌文字设计，应当选择适宜的字体，在字体具备识别性的基础上，还可以尝试创新，例如具有中国特色的书法体、个性化的手写体、POP 字体等。

1.18 包装的图形设计

包装的图形主要指产品的形象和其他辅助装饰形象等。图形作为设计的语言，就是要把产品形象内在和外在的构成因素表现出来，把信息传达给消费者。因此，图形设计的准确定位是非常关键的，定位的过程即熟悉产品全部内容的过程。其中，对商品商标、品名含义及同类产品的现状等诸多因素都要加以研究。

1.18.1 实物图形

实物图形通过绘画、摄影等手段来表现。绘画是包装装潢设计的主要表现形式，是根据包装整体构思的需要绘制画面，为商品服务。与摄影相比，它具有自由取舍、提炼和概括的特点。绘画手法直观性强，欣赏趣味浓，是宣传、美化、推销商品的重要手段。然而，商品包装的商业性决定了设计应突出表现商品的真实形象，要给消费者直观的印象，所以用摄影表现真实、直观的视觉形象是包装装潢设计的主要方法。

1.18.2　象征性图形

　　象征性图形有具象和抽象两种表现手法,具象的人物、风景、动物或植物的纹样可用来表现包装的内容及属性。抽象的手法多采用点、线、面的几何形纹样,色块或肌理效果构成画面,多用于写意。具象形态与抽象表现手法在包装设计中相互结合的使用,内容和形式的辩证统一是图形设计中的普遍规律。在设计过程中,应该根据图形内容的需要选择相应的图形表现技法,使图形设计达到形式和内容的统一,创造出反映时代精神、民族风貌的包装设计作品。

1.18.3 标志图形

标志图形是图形符号、颜色、几何形状等元素的固定组成，用于表达特定信息。一般会使用平实并且可识别的形象，通常是某种产品的品牌。

1.18.4 装饰图形条形码

条形码是把宽度不等的多个黑条和空白按照一定的编码规则排列的图形标识符，常常用来表达一组信息。条形码是最经济、实用的一种自动识别技术，可以表示物品的很多信息，例如制造厂家、生产日期、商品名称等，被广泛运用于商品流通、图书管理等领域。条形码技术具有输入速度快、可靠性高、采集信息量大、灵活实用等优点。

1.19 包装的色彩设计

色彩设计在包装设计中占据重要的位置。色彩是美化和突出产品的重要因素，包装色彩的运用和整个画面设计的构思、构图紧密联系着。以人们的联想和使用色彩的习惯为依据，进行高度的夸张和变色是包装设计的一种手段。同时，包装的色彩还受到工艺、材料、用途和销售地区的限制。

包装设计中的色彩要求醒目，对比强烈，有较强的吸引力和竞争力，以唤起消费者的购买欲望，促进销售。例如，食品类常用鲜明丰富的色调，以暖色为主来突出食品的新鲜、营养；五金、机械工具类常用蓝、黑及其他沉重的色块，以表达其坚实、精密和耐用的特点；儿童玩具类常用鲜艳的纯色和冷暖对比强烈的色块，以符合儿童的心理和爱好；体育用品类多采用鲜明色块，以增加活跃、运动的感觉。不同的商品有不同的特点与属性，设计师要研究消费者的习惯、爱好，以及国际、国内流行色的变化趋势，并了解社会学和消费者心理学知识，来丰富设计作品的内涵。

1.19.1　包装色彩设计的特点

因为视觉是人体知觉中最重要的感觉，能够引导人们认知周围的事物。所以，在包装设计中，色彩比形状更能引起人的视觉反应，还能直接影响人们的心理状态和情绪。

包装色彩设计具有以下特点。

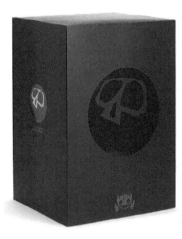

1. 具有识别性

产品的包装应具备色彩的识别性，色彩计划实施应配合企业识别系统或品牌识别系统的色彩计划，提高消费者的色彩识别能力，巩固消费者对品牌的记忆力。很多品牌的用色，均是利用色彩来扩大彼此间的差异，增进各自独特的视觉作用。

2. 用好形象色

商品形象色既指不同商品在人们印象中的固有色，也指在不同类型商品的包装上，为促进销售和便利而使用的色彩或色调。有些色彩会给人不同的味觉感受与不同的嗅觉感受。例如，深咖啡色、奶油色中点缀少量的黄绿色比较甜蜜，能引起食欲。

3. 巧用象征色

象征色是指某一色彩在行业内多次被使用后、已经成为某类产品的"代言色"，使广大消费者形成共识，当人们看到这类颜色的包装时就会对产品进行一个大致推测。

1.19.2　包装色彩设计的原则

包装的色彩表现是现代商品生产和营销的重要环节之一，同时它也是美化商品、促进商品销售、表现企业和产品形象的重要元素。

包装色彩设计的原则如下。

（1）包装设计的形式与内容要统一。

（2）包装设计要充分展示商品。

（3）包装设计要有具体的文字说明。如关于产品原料、配制、功效、使用和养护等的具体说明，必要时还应配上简洁的示意图。

（4）包装设计要强调商品的形象色。不要只是用透明包装或彩色照片来表现商品本身的固有色，应更多地使用体现大类商品形象的色调，使消费者产生反应，并快速地凭色彩判断包装物的内容。

（5）同一家企业生产或使用同一商标的商品，其造型与图案设计均采用同一风格，甚至采用同一色调，给人统一的印象，使消费者一看就知道产品来自哪家品牌。

1.19.3　包装色彩的对比与调和

任何一种设计都离不开色彩，色彩可以传达丰富的内容，色彩感受可概括为 7 种，即冷暖感、轻重感、软硬感、强弱感、明暗感、宁静兴奋感和质朴华美感。

在包装设计中，色彩的对比大致可分为以下几种。

1. 明度对比

明度是色彩的明暗差别，只有适度的明度对比才会带来调和感。配色中的明度感可从高、中、低调子，明度差及综合因素来考虑。

2. 纯度对比

纯度指各色彩的鲜艳程度。纯度在配色上具有强调主题、制造多种效果的作用。根据两色之间的彩度差异所产生的配色方式与明度对比具有同等重要的地位。

3. 冷暖对比

冷暖极色对比为冷暖最强对比；冷极与暖色、暖极与冷色对比为冷暖的强对比；暖极色、暖色与中性微冷色，冷极色、冷色与中性微暖色的对比为中等对比；暖极色与暖色、冷极色与冷色、暖色与中性微暖色、冷色与中性微冷色、中性微暖色与中性微冷色的对比为冷暖的弱对比。冷暖对比决定商品包装的属性，应认真对待。

1.19.4 色彩在包装设计中的心理效应

色彩心理是客观世界的主观反映。当不同波长的光作用于人的视觉器官而使人产生色感时，会导致人产生某种带有情感的心理活动。色彩生理和色彩心理过程是交叉进行的，它们之间既相互联系，又相互制约。

在有一定的生理变化时，就会产生一定的心理活动；在有一定的心理活动时，也会产生一定的生理变化。例如，红色能使人生理上脉搏加快、血压升高，心理上具有温暖的感觉。但长时间红光的刺激，会使人心理上产生烦躁不安之感，在生理上欲求相对的绿色来补充平衡。因此，色彩的美感与生理和心理上的满足有关。

色彩心理与年龄有关。根据实验心理学的研究，随着年龄的变化，人的生理结构也在发生变化，色彩所产生的心理影响随之有别。随着年龄的增长，阅历也增长，脑神经记忆库已经被其他刺激占去了许多，色彩感觉就相应成熟和柔和些。

　　虽然大多数人在色彩心理方面存在共性，对色彩有着共同的情感反应，但我们也必须看到人们在色彩心理方面存在着个体差异，甚至同一个人在不同的时间、地点、环境下对同一种颜色的感受也会有一定的差异。

1.20　包装的版面设计

　　包装要传递的信息很多，如品牌名、产品名、商标、图形、重量、产品成分、生产日期、有效期等。这么多的内容都要在方寸之间有主次地展示出来，版面设计就很重要了。

　　包装的版面设计十分重要，排版主要以形式美法则作为基点。一件包装在版面上要取得较好的效果，就要求设计师具有较高的艺术修养和较强的审美能力，并能将诸多设计要素进行巧妙组合。为更好地实现设计意图，设计师还需创造符合预期的表现形式。版面的装饰因素是由文字、图形、色彩等通过点、线、面的组合与排列构成的，既美化了版面，又强化了信息传达的功能。

1.20.1 包装的版面设计原则

1. 思想性

要做一个成功的排版设计，首先必须明确客户的目的，并深入了解、观察、研究与设计有关的方方面面，简要的咨询是设计的开端。版面离不开内容，设计要体现内容的主题思想，以增强读者的注意力与理解力。只有做到主题鲜明突出，一目了然，才有可能达到版面编排的最终目标。

2. 艺术性

为了使版面设计更好地为版面内容服务，选择合理的版面视觉语言非常重要，这也是满足客户需求的体现。构思立意是设计的第一步，也是设计作品时所进行的思维活动。主题明确后，版面构图布局和表现形式等则成为版面设计的核心，这也是一个艰难的创作过程。怎样才能达到意新、形美、变化而又统一呢？这就要取决于设计者的文化涵养。所以说，排版设计是对设计者的思想境界、艺术修养、技术知识的全面检验。

3. 趣味性

版面设计中的趣味性，主要是指形式上的趣味，这是一种活泼的版面视觉语言。如果版面本无多少精彩内容，就要靠制造趣味取胜，这也是在构思中融入艺术手段的结果。

4. 整体性

版面是传播信息的桥梁，其形式必须符合主题的思想内容，这是排版设计的根基。只讲表现形式而忽略内容，或只求内容而缺乏艺术表现，这样的版面都是不成功的。只有形式与内容协调并统一，强化整体布局，才能取得版面构成中独特的社会和艺术价值，才能解决设计应说什么、对谁说和怎样说的问题。

1.20.2 包装设计元素的编排

包装设计的版面编排设计，是指按照一定的视觉传达内容需要和艺术审美规律，结合包装设计的具体特点，将商标、文字、图形、符号等诸多信息构成要素，按照一定的视觉逻辑有效地进行视觉组合编排，将特定的信息清晰、快捷、强烈、有力地传递给受众。它具有以下要点。

（1）产品信息准确，杜绝"声东击西"。

（2）合理划分信息内容，使包装版面的视觉规划具有很强的条理性，能够有效地引导受众解读信息。

（3）设立一个字体层级系统，决定各字体用法与处理方式，这样做能方便编排，也能让读者更轻松地阅读。

1.21 包装容器造型设计

包装容器造型的 3 个基本构成要素是功能、物质和造型，它们之间相互联系并相互制约。

（1）功能是容器造型设计的出发点，包含保护功能、储存功能、便利功能、销售功能等。

（2）物质是实现功能的基础，在设计中要根据功能和成本选用材料和工艺。

（3）造型包括样式、质感、色彩、装饰等。许多造型都是由材料和工艺决定的，但设计师对于形象的推敲和研究却是没有止境的。

1.21.1 包装容器设计的形式和规律

包装容器可分为食品包装、饮料包装、化妆品瓶体包装、洗涤用品包装、红酒包装、啤酒包装、药品包装、保健品包装、CD 包装、电子产品包装等。

包装容器的设计规律如下。

（1）提出设计要求。

（2）调查研究、掌握资料。

（3）明确详细的设计条件和要求。

（4）确定设计方案。

（5）进行详细的结构设计。

（6）制造加工。

（7）样品式样分析与鉴定。

1.21.2　包装容器设计的方法和步骤

每套设计方案都伴随着一套设计程序，包装容器设计大致分 8 个步骤。

（1）进行针对性的调查和资料搜集。

（2）汇总所调查的资料并进行分析。

（3）推出设计的文字方案。

（4）选取材料和工艺。

（5）做出设计形象稿与设计说明。

（6）计算包装容器的容量。

（7）绘制工艺制作图和产品效果图。

（8）制作容器的石膏模型。

1.21.3　包装容器的造型方法

包装容器造型设计可以从多方面进行。

（1）线型法。线型法是包装容器设计中比较常见的设计方法。垂直线庄严、雄伟、挺拔耸立、嵩高；水平线风平浪静、平稳安定；曲线圆润、活泼、柔美、优雅；弧线起伏、锋利、运动；斜线不安定、生动、惊险。

（2）对称与平衡法。容器造型对称法是以中轴线为轴，两边设计相同，对称能起到视觉平衡的作用，给人带来静态美、条理美。容器造型平衡法蕴含着对称法，但更追求富于变化的动态美，因而具有生动活泼、轻松、灵巧的视觉效果。

（3）节奏与韵律法。指运用某些造型设计要素进行有条理性、有次序感、有规律的形式变化，从而使整体设计形成一种有节奏感与韵律感的形式美。

（4）基本形状的组合与切割法。基本形状有正方形、长方形、圆锥形等，通过这些形体之间的相加、相减、过渡而构成各种形态。

（5）体重对比法。容器造型是有一定体积的造型，所以我们还可以从容器造型立体体积的关系来研究造型的变化。

（6）模拟与概括法。在包装容器造型中，模拟概括的设计是通过对自然界事物进行概括及模拟而产生的。

（7）肌理法。造型形象不仅由立体形态作用于视觉感受，而且也以表面形态影响视觉感受。因此，对形体表层添加肌理变化极为必要。

（8）镶嵌法。镶嵌法是把不同的材料组合在一起，再进行镶嵌的设计方法。

（9）附饰法。容器造型中另附加的装饰，十分别致、文雅、高档，要注意附加装饰与包装整体的统一性。

（10）系列化设计。系列化的容器造型设计是一个重要的内容，是对属同一类，但不同形状、不同大小的品种进行统一风格的形式变化，从而组成一个系列的过程。

 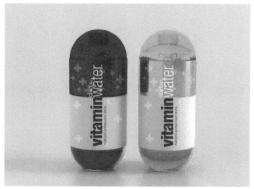

1.21.4　包装容器模型的制作方法

下面以石膏模型制作方法为例进行介绍。

石膏造型中有很多异型设计，常常需要用手工制作，一般需要准备以下工具。

（1）工具刀。以壁纸刀代替也可，用来切削石膏等。

（2）有机片。普通有机片即可，用壁纸刀在上面划上经纬线。

（3）内外卡尺。用来测量尺寸。

（4）手锯。用来截锯石膏。

（5）围筒。用油毡纸或铁皮或易卷起的塑料片均可。

（6）水磨砂纸。粗细各准备几张，用于打磨干后的石膏模型表面。

（7）乳胶。用来粘接造型的构件。

（8）石膏粉。要求颗粒细、无杂质，用于制作模型或粘接构件。

 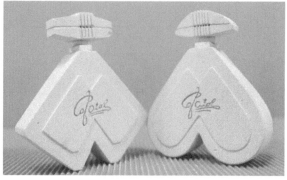

用石膏料制作模型时，可采用控制法和翻制法。

（1）控制法。在石膏料中加粉笔灰、老粉或废石膏模型粉末，其干湿程度调到手捏成块而不松散为宜。捏制模型的成型方法是先捏出模胚，再用石膏浆补绘或用雕刀修整细部，其外表修饰与纸浆模型相似。

（2）翻制法。首先寻找模型的实物原形，按实物原形制作一个模子，再将较稀的石膏浆浇注在模子中，待石膏浆干透后取出石膏模型的模胚，进行修饰、整形、着色等。对于表面弯曲程度复杂、凹槽过多、形状奇异的原形，一方面做模子困难，另一方面脱模子也困难，脱模时往往会伤及表层。因此，通常用石膏翻制"浮雕"型的模型，植物叶片、假化石就属于这类模型。其制作方法是先将调好的石膏浆切出一个平面，再将植物叶片平压在上面，使叶片的形状、叶脉等在石膏表面留下清晰的痕迹。待石膏干固后揭下叶片后修饰着色。制作"浮雕"型石膏模型时，为脱模方便，通常在实物原形表面涂抹油料，在上例中可以在压叶片前在叶片上抹一层机油。

第 2 章

包装设计的材料及其工艺

| 本 章 要 点 |

包装材料与工艺是商品包装的物质与技术基础，因此，了解和掌握各种包装材料的规格、性能和用途，各种包装工艺的类型、方法等十分重要，这也是设计好包装的重要一环。

本章主要介绍纸包装材料、塑料包装材料、金属包装材料、玻璃包装材料、陶瓷包装材料、新型环保材料、自然材料、复合材料及包装印刷工艺等内容。

2.1 纸包装材料

纸是从悬浮液中将植物纤维、矿物纤维、动物纤维、化学纤维或这些纤维的混合物沉积到适当的成型设备上，经过干燥等程序制成的平整、均匀的薄页。

因为纸包装材料具有原料来源广、价格低、重量轻、易储运、优良的印刷适应性、卫生、安全、无毒、可以回收利用、适应多种加工方法、具有一定的强度和刚度等多种优势，所以在包装领域得到了广泛应用，下面来了解一下常见的纸质包装。

2.1.1 纸包装材料的特性

纸包装材料具有印刷方便、便于加工、成型性好、品种多样、缓冲性好等优点，但其也有缺点，如在生产过程中的消耗较大。

以下是几种常用的纸包装材料。

1.纸板

纸板是具有一定厚度的纸张，作为销售包装材料具备三大功能：印刷功能、加工功能、包装功能。

纸板在包装中常用作贴体包装的盖材、挂式销售包装、吊牌、衬板等。

白纸板是销售包装的重要包装材料，常经过彩色套印制成纸盒和纸箱，起着保护商品、美化商品、宣传商品的作用。白纸板多为单面光滑的纸板，有灰底和白底之分，一般采用废纸浆作底浆，以漂白浆挂面。

牛皮箱纸板又称牛皮卡纸，一般采用100%的纯木浆制造，纸质坚挺、韧性好，是包装用高级纸板，用于制造高档瓦楞纸箱。

挂面箱纸板用于制造中、低档瓦楞纸箱，一般采用废纸浆、麦草浆、稻草浆的一种或两种混合作底浆，再以本色木浆挂面。其各项性能与挂面的质量密切相关，强度比牛皮箱纸板差。

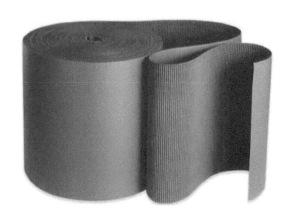

2. 瓦楞纸

瓦楞纸是瓦楞原纸经过轧制而成的，先把原纸加工成瓦楞状，然后用黏合剂从两面将表层粘合起来，使纸板中层呈空心结构，从而具有较高强度。瓦楞纸的挺度、硬度、耐压性、耐破性、延伸性等均比一般纸包装材料要好，一般用于制造纸箱、纸盒、瓦楞衬垫。

瓦楞形状一般分为 U 形、V 形、UV 形 3 种。U 形楞的楞顶是圆的，V 形楞的楞顶近似于三角形，UV 形楞的楞顶形状介于 U 形与 V 形之间。

（1）V 形又名三角形。瓦楞的峰和谷半径较小，峰谷间成直线连接，楞峰接触面小，由于两条斜线的合力作用，抗压强度较大，但超过了它的承受限度，其瓦楞会迅速被破坏，且压力消除后不能恢复原状，缓冲性能差，弹性小。

（2）U 形又名圆弧形。其瓦楞均衡，由峰谷连接而成，楞峰接触面大，由于圆弧的力点不稳定，其抗压强度低于 V 形瓦楞纸板，但它的伸张性、缓冲性较好，当压力消除后，瓦楞能基本恢复原状，弹性较好。

（3）UV 形是采取 V 形和 U 形的优点结合而成的，它弥补了 V 形和 U 形两种瓦楞纸板的不足之处，抗压强度较高，承受力较大，弹性也好，因此，目前广泛采用 UV 形瓦楞纸板。

3. 牛皮纸

牛皮纸是以针树叶的木材为主材料，制作出的皮质坚韧、很像牛皮的黄褐色纸制品。牛皮纸是高级包装用纸，其机械强度高，并富有弹性、抗水性、防潮性，印刷性能良好。

牛皮纸通常呈黄褐色，半漂或全漂的牛皮纸浆呈淡褐色、奶油色或白色，抗撕裂强度、破裂功和动态强度很高。牛皮纸多为卷筒纸，也有平板纸，可用作水泥袋纸、信封纸、胶封纸、沥青纸、电缆防护纸、绝缘纸等。

2.1.2 纸质容器

在各种包装中，纸盒是一种适应性较强的包装形式。纸盒从包装结构和样式上可以分为折叠纸盒容器、现成纸盒容器等。

1. 折叠纸盒容器

折叠纸盒是一种应用范围广、结构变化多的销售类包装，它的优势是原料成本低、制作工艺简单、运输成本低、加工工艺简单多变等。折叠纸盒按结构可分为管式折叠纸盒、盘式折叠纸盒、非管非盘式折叠纸盒等。

2. 现成纸盒容器

现成纸盒容器又称为固定纸盒、粘贴纸盒，由手工粘贴制作而成，它的结构、尺寸、占有空间等在制作之前已经确定下来，在运输的过程中不会改变原有的形状和尺寸。现成纸盒容器具有外观设计广泛、强度及柔韧性好、陈列方便等优势。

3. 其他纸质容器

其他纸质包装容器有包装纸袋、纸杯、复合纸罐、纸浆、纸质托盘和纸餐盒等。

2.1.3 纸包装材料的绘制

纸包装材料的绘制步骤如下。

`步骤01` 用铅笔进行构图，标出纸包装的大致结构及商标，注意其透视关系。

`步骤02` 在铅笔稿的基础上，用针管笔准确绘制纸包装的细节，之后用橡皮清稿。

`步骤03` 选择22号（███）马克笔、24号（███）马克笔和CG3号（███）马克笔对包装进行上色。

2.2 塑料包装材料

塑料是我们生活中常见的材料之一，它是以树脂为主要成分，以增塑剂、填充剂、润滑剂、着色剂等添加剂为辅助成分，在加工过程中流动成型的材料。塑料的种类繁多，因其成型性好、价格低廉，被广泛应用于工业产品设计中，如餐具、电线管、电脑外壳等。

2.2.1 塑料包装材料的特性

塑料包装材料有以下特性。

（1）塑料质地轻且坚固，化学性质稳定，不会锈蚀。

（2）耐冲击性好，易成型、易色性。

（3）易加工，可以大批量生产，价格低。

（4）具有较好的透明性和耐磨性，光泽好。

（5）绝缘性好，导热性低，耐用、防水。

（6）大部分塑料材质耐热性差，容易燃烧。

（7）大部分塑料耐低温性差，低温情况下会变脆，容易老化破裂。

（8）尺寸稳定性差，比较容易变形。

（9）废弃塑料再回收利用时，分类困难，成本高。

塑料包装材料一般有塑料编织袋、塑料周转箱、塑料瓶、塑料薄膜、塑料桶、塑料盒、塑料包装袋等。

2.2.2 塑料包装的分类

塑料包装大致可分为以下 4 类。

（1）体贴包装。指把产品放在用纸板、塑料薄膜或薄片制成的衬底上，上面覆盖加热软化的塑料薄膜或薄片，通过衬底抽真空，使薄膜或薄片紧密地包裹产品，并将其四周封合在衬底上的包装方法。

（2）泡罩包装。指将产品封合在透明塑料薄片形成的泡罩与衬底之间的包装方法。

（3）收缩包装。指利用有热收缩性能的塑料薄膜包裹产品或包装件，然后进行迅速加热处理，包装薄膜即按一定的比例自行收缩，紧贴住被包装件的包装方法。

（4）拉伸包装。指在常温下对可拉伸的塑料薄膜进行拉伸，使之包裹产品或包装件的包装方法。

2.2.3 塑料包装材料的绘制

在绘制塑料材质时，要根据产品的需要来表现出抛光、反光、颗粒感或其他凹凸纹理的效果。

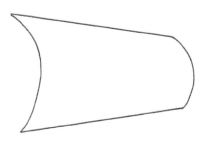 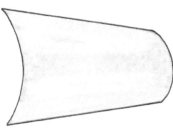 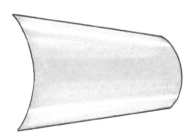

下面是不同塑料材质的手绘效果图。

PVC材质

PET塑料

食品包装类塑料材质的绘制步骤如下。

步骤01 用铅笔绘制出产品包装的大致轮廓，标明商标、纹饰的大致位置及基本轮廓。

步骤02 在铅笔稿的基础上，用针管笔准确绘制出产品包装的细节部分，注意密封处褶皱的刻画。

步骤03 选择 GG3 号（▢）马克笔给产品包装阴影部分上色，选择 67 号（▢）马克笔给产品包装上色。

步骤04 选择 68 号（▢）马克笔、43 号（▢）马克笔给产品包装上色。

步骤05 选择 24 号（▢）马克笔、68 号（▢）马克笔给包装文字部分上色。

步骤06 选择 34 号（▢）马克笔、36 号（▢）马克笔对纹样部分进行上色。在上色时，注意包装图案中坚果的明暗关系的刻画。

2.3　金属包装材料

金属包装大致可分为运输包装与销售包装。

运输包装一般为大容器，形式如罐、筒、集装箱等，常用作工业产品包装容器、食品的半成品包装、工业原料包装等。

销售包装一般用在食品、饮料、油剂和部分化妆品等产品上，如易拉罐、食品及日用品的罐头筒、铝箔袋等方面。

2.3.1　金属包装材料的特性

金属包装材料具有较强的装饰性，通过个性化包装设计与多感官装潢工艺的结合，金属包装设计深受广大客户的喜爱。设计金属包装要考虑其开启的方便性及定位。随着经济的发展，消费者的需求正由低层次向高层次发展，金属包装更显高档。

金属材质的反光质感很重要，它的反光主要表现在家具的受光面、地板的反光、镜子的反光、玻璃的反光等。金属材质在线条表达上要稳重，表现出坚硬、光滑的质感。

金属包装材料主要有钢材和铝材两大类，而每一类又包含若干品种，各有其适用范围。

1. 钢材

与其他金属包装材料相比，钢材来源较丰富，成本也较低，其用量至今仍排在金属包装材料的前列。包装所用钢材主要为低碳薄钢板，低碳薄钢板具有良好的塑性和延展性，制桶、制罐工艺性好，有优良的综合防护性能。但冲拔性能没有铝材好。钢质包装材料最大的缺点是耐蚀性差、易锈，必须采用表面镀层和涂料等方式才能使用。按照表面镀层成分和用途的不同，包装用钢材主要分为以下几类。

（1）冷（热）轧低碳薄钢板，主要用于制造大中型运输包装容器，如集装箱、钢桶、钢箱等。

（2）镀锌薄钢板又称白铁皮，是制桶（罐）的主要材料之一，主要用于制造工业产品包装容器。

（3）镀锡薄钢板又称马口铁，是制桶（罐）的主要材料之一，大量用于罐头工业，也可以用来制造其他食品和非食品的桶（罐）容器。

（4）镀铬薄钢板又称无锡钢板，也是制造桶（罐）的主要材料之一，可部分代替马口铁，主要用于制造食品包装容器，如饮料罐等。

2. 铝材

铝质包装材料的使用历史较短，但由于铝具有某些比钢优异的性能，特别是铝资源丰富，铝的提炼方法有了很大的改进，所以近年铝作为包装材料发展很快，在某些方面已取代了钢质包装材料。

铝材的主要特点是重量轻、无毒无味、可塑性好、延展性强、冲拔性能优良，在大气和水汽中化学性质稳定，不生锈、表面洁净有光泽。因为铝在酸、碱、盐介质中不耐蚀，所以表面也须涂料或镀层，之后才能用作食品容器。铝的强度比钢低，成本比钢高，因此铝材主要用于销售包装，很少用在运输包装上。包装用铝材有以下几种。

（1）铝板。为纯铝或铝合金薄板，是制罐材料之一，可部分代替马口铁，主要用于制作饮料罐。

（2）铝箔。采用纯度在 99.5% 以上的电解铝板，经过压延制成，厚度在 0.2mm 以下，一般包装用铝箔都是和其他材料复合使用，作为阻隔层，提高阻隔性能。

（3）镀铝薄膜。底材主要是塑料或纸张，在其上镀上极薄的铝层，作为铝箔的代用品被广泛使用。因为是在塑料薄膜或纸上镀上极薄的铝层，所以其阻隔性能比铝箔略差，但耐刺扎性优良，在实用性方面超过了铝箔，这种镀铝薄膜材料常用于制作衬袋材料。

2.3.2 金属包装的工艺技术

电镀技术：将高纯度的锡镀在钢板的外面，锡外面还有氧气膜和油膜，可以增加钢板的焊接性。

镀烙技术：将金属薄板放在电解液中进行电解处理，镀金属烙和氧化烙层后再涂上漆层，由于不易焊接，常用来做罐盖或冲压成型的食品罐。

马口铁：指两面镀有商业纯锡的冷轧低碳薄钢板或钢带，又叫锡镀铁。它将钢的强度、成型性与锡的耐蚀性、焊接性、美观性结合于同一材料之中。

2.3.3 金属包装材料的绘制

在绘制金属材质时，要注意其反光质感及金属本身特点的刻画。

金属包装材质的绘制步骤如下。

步骤01 用铅笔绘制出产品包装的大致轮廓，标明商标、纹饰的大致位置与基本轮廓。

步骤02 在铅笔稿的基础上，用针管笔准确绘制出产品包装的瓶口细节部分。

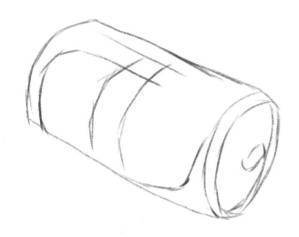

步骤03 用针管笔勾勒出纹饰的轮廓。

步骤04 用针管笔准确地绘制出商标及产品细节，之后用橡皮清除铅笔线条。

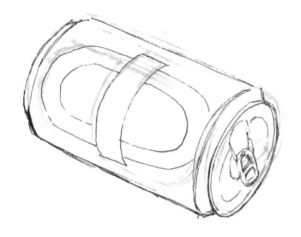

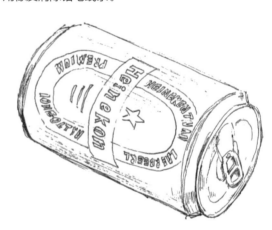

步骤05 选择 GG3 号（）马克笔对产品包装阴影部分进行上色。

步骤06 选择 68 号（　　）马克笔、12 号（　　）马克笔、CG6 号（　　）马克笔对产品包装进行上色。

2.4 玻璃包装材料

不同的玻璃具有不同的特点，在手绘表现时，要把玻璃的反射面和透明面相结合，使画面更有活力。绘制时，还要注意玻璃材质的折射效果，要把透过玻璃看到的物体画出来。

玻璃的应用历史十分悠久，它具有很多令人惊叹的加工方法和形态，被广泛应用于工业产品等设计领域，如玻璃家具、玻璃器具等。

2.4.1 玻璃的特性

玻璃材质一般可以分为有机玻璃、高级银镜玻璃、彩印玻璃、彩釉钢化玻璃、彩绘玻璃等类型，不同种类的玻璃特性不同，其工艺、用法及应用领域也有一定的差异。下面对常见玻璃材质的特性进行介绍。

（1）有机玻璃。高度透明，机械强度高，重量轻，易于加工，但其力学性能差，当受到撞击时，有机玻璃容易破碎。

（2）高级银镜玻璃。成像纯正，反射率高，色泽还原度较好，不易受潮湿环境的影响。

（3）彩印玻璃。常应用于摄影、印刷、复制技术上。

（4）彩釉钢化玻璃。除了具有抗酸碱性、耐腐蚀、永不褪色、安全性能高等优点，还具有反射和不透视的特性。

（5）彩绘玻璃。相对而言，它是一种比较高档的玻璃种类，应用也相当广泛，是直接把特殊颜料着色在玻璃上，或在玻璃上喷雕出各式各样的图案，然后再用颜料上色制成。它的特点是效果逼真，可以复制原画，并且画膜的附着力较强。

2.4.2 玻璃包装的工艺技术

玻璃包装材料具有阻隔性强、稳定性强、耐腐蚀、不污染内装物、保质期长、成本低等优点，但同时也有质量大、易碎、能耗大的缺点。

玻璃包装材料主要由石英砂、石灰石、长石、纯碱、硼酸等原料经过配料、溶制、成型、退火等加工工艺制成。形成方式可分为压制成型、吹制成型、拉制成型和压延成型。

（1）压制成型。在模具中加入玻璃熔料后加压成型，一般用于加工容易脱模的造型，如较为扁平的盘碟和形状规整的玻璃砖等。

（2）吹制成型。先将玻璃黏料压制成锥形型块，再将压缩气体吹入热熔的玻璃型块中，吹胀使之成为中空制品。此技术主要用于加工瓶、罐等形状的器皿。

（3）拉制成型。利用机械拉引力将玻璃熔体制成制品，分为垂直拉制和水平拉制。主要用于加工平板玻璃、玻璃管、玻璃纤维等。

（4）压延成型。利用金属辊的滚动将玻璃熔融体压制成板状制品。在生产压花玻璃、夹丝玻璃时使用较多。

2.4.3 玻璃包装材料的绘制

玻璃的手绘表现如下。

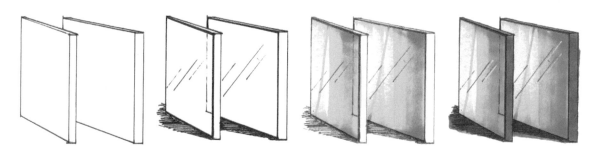

玻璃材质包装的绘制步骤如下。

步骤01 用铅笔绘制出产品包装的大致轮廓，标明商标、纹饰的大致位置及基本轮廓。

步骤02 在铅笔稿的基础上，选择针管笔，准确绘制出产品包装的细节，然后用橡皮清稿。

步骤03 选择 GG3 号（ ）马克笔对产品包装阴影部分进行上色，选择 25 号（ ）马克笔给产品上底色。

步骤04 选择 34 号（ ）马克笔、37 号（ ）马克笔、WG6 号（ ）马克笔对产品进行上色，在上色时，注意纸质标签与玻璃材质的区分。

步骤05 选择99号( )马克笔、42 号（ ）马克笔给产品包装瓶盖上色，选择白色高光笔点缀产品高光。

2.5 陶瓷包装材料

陶瓷是以铝硅酸盐矿物或某些氧化物为主要原料，加入配料，按用途给予造型，表面涂上各种装饰，采取特定的化学工艺，用适当的温度和不同的气体烧制成的一种材料。

2.5.1 陶瓷材料在包装设计中的应用

陶瓷主要可分为以下 4 类。

（1）粗陶。多孔、表面粗糙、不透明，有较大的吸水率和透气性，主要用作缸器。

（2）精陶。气孔率和吸水率小于粗陶瓷，常作坛、罐和陶瓶。

（3）瓷器。结构紧密均匀，由瓷石、高岭土、石英石、莫来石等烧制而成，外表施有玻璃质釉或彩绘。一般胎色白，具有透明或半透明性，吸水率不足 1% 或不吸水。极薄瓷器还具有半透明的特性，按原料不同，瓷器又分长石器、绢云母质瓷、滑石瓷和骨质瓷等。

（4）石质瓷，又称炻器，是介于瓷器与陶器之间的一种陶瓷制品，有粗炻器和细炻器两种，主要用作缸、坛等容器。

陶瓷的化学稳定性与热稳定性都很好，能耐各种化学物品的侵蚀。但不同商品包装对陶瓷的性能要求也不同，如高级饮用酒，要求陶瓷不仅机械强度高、密封性好，还需白度好、有光泽。材料则要求电绝缘性、电压性、热电性、透明性、机械性能等。

陶瓷因为自身的特点，在日常生活中一般被用于调味品、高档酒品、高档礼品、茶叶、医药等产品的包装上。

2.5.2 陶瓷包装的工艺技术

陶瓷的生产需要经过以下步骤。

（1）根据图稿雕塑产品。

（2）分片（做样品模）后利用石膏制作大货模具。

（3）模具烘干。

（4）练泥，制造土坯，（通过高压、滚压或注浆等技术）成型。

（5）修坯（连接，打孔，切边，刮模线，洗坯）。

（6）生坯晾干后施釉。

（7）釉烧。

（8）成陶瓷产品。

（9）彩绘或贴花。

（10）烧成完美产品。

2.6 新型环保材料

新型环保材料不同于传统材料，其主要向绿色化、智能化方向发展，并且能重复利用。新型环保材料在制造过程中使用新的工艺技术，产品具有节能、利废和环保等特点。

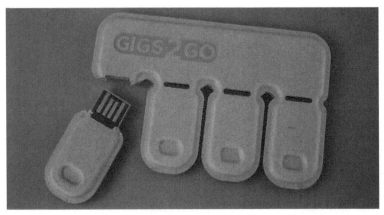

2.6.1　常见的新型环保材料

环保材料是指在国民经济结构中，以防治环境污染、改善生态环境、保护自然资源为目的而开发的综合性新型材料。在我国，环保材料品种已经初具规模，覆盖范围广，有的已初见成效，主要分为以下两种。

（1）新型纸质包装。以纸浆、植物纤维为材料生产的新型包装，替代快餐盒包装制品和包装衬垫。

（2）可溶性塑料袋包装。包括水溶性塑料薄膜及可降解的其他各类塑料薄膜。

2.6.2　新型环保材料的选择

绿色包装设计中的材料选择应遵循以下几个原则。

（1）选择轻量化、薄型化、易分离、高性能的包装材料。

（2）选择可回收和可再生的包装材料。

（3）选择可食性包装材料。

（4）选择可降解性包装材料。

（5）选择利用自然资源开发的包装材料。

（6）尽量选用纸包装。

（7）尽量选用同一种材料进行包装。

（8）尽量使包装可以重复使用，而不只是包装材料可以回收再利用（如标准化的托盘，可以数十次甚至数千次再利用）。

2.7　天然材料

在现代产品包装所用的各种材料中，天然材料具有独特的优势，它不仅给人一种质朴感，而且具有易降解、易腐化、无污染等特点，成为最典型的原生态包装材料。它低碳、经济、环保，极具生命力，有其无可替代的属性特征。

天然材料指来自于大自然、未经加工或基本不加工便可直接使用的材料，包括麻、木、竹、藤、茎、叶、果壳等天然物质，用作包装材料时可根据需要经过适当的人工处理，以更加符合包装的功能要求。保护产品是包装的首要功能，由包装材料和其造型功能来实现。天然材料自身独特的造型具有天然的保护功能。例如，贝壳最早曾用作润肤品的容器，也可用作珍珠的包装容器，它结实、耐用、美观，充满自然趣味。

利用天然生物资源开发包装材料具有环境负载低、资源丰富等特点。充分利用竹、木屑、麻类、棉织物、柳条、芦苇、农作物秸秆、稻草和麦秸等原料，扩大包装品种已成为包装生态化发展的方向之一。

资源获取验证码：60238

2.8 复合材料

复合材料是由两种或两种以上不同性质的材料，经过一次或多次复合工艺组合在一起，具有新功能的材料，一般具有基层、功能层和热封层。基层主要起美观、印刷、阻湿等作用，如 BOPP、BOPET、BOPA、MT、KOP、KPET 等；功能层主要起阻隔、避光等作用，如 VMPET、AL、EVOH、PVDC 等；热封层与包装物品直接接触，具有适应性、耐渗透性、良好的热封性、透明性等功能，如 LDPE、LLDPE、MLLDPE、CPP、VMCPP、EVA、EAA、E-MAA、EMA、EBA 等。

复合材料的分类如下。

1. 复合包装材料 LDPE、LLDPE 树脂和膜

主要用于制作方便面、饼干、榨菜等食品的包装。一般涂布级的 LDPE 树脂有 IC7A、L420、19N430、7500 等，吹膜级的 LDPE 树脂有 Q200、Q281、F210-6、0274 等，LLDPE 树脂有 218w、218F、FD21H 等。

2. 复合包装材料 CPP 膜、CPE 膜

一些膨化食品、麦片等包装袋对透明度要求较高，随着煮沸、高温杀菌产品相继问世，对包装材料的要求也相应提高，以 LDPE 和 LLDPE 为主的内层材料已不能满足上述产品的要求。用流延法生产的，具有良好热封性、耐油性、透明性、保香性、特殊的低温热封性和高温蒸煮性的 CPP 膜在包装上得到广泛使用。在此基础上开发的镀铝 CPP 膜，也因其金属光泽、美观、阻隔性能高迅速被大量使用，而用流延法生产的 CPE 膜，因其单向易撕性、低温热封性、透明度好的优点也正进一步得到应用。

3. 复合包装材料 MLLDPE 树脂

MLLDPE 树脂材料具有较大的拉伸强度、较大的抗冲击强度、良好的透明性、较好的低温热封性和抗污染性，以其作其内层的复合材料从而广泛应用于冷冻食品、冷藏食品、洗发水、油、醋、酱油、洗涤剂等商品的包装。MLLDPE 树脂能解决上述产品在包装生产、运输过程中的包装速度慢、破包、漏包、渗透等问题。

4. 复合包装材料盖膜内层材料

果冻、果汁、酸奶、果奶、汤汁等液体包装杯、瓶，其主要材料是 HDPE、PP、PS 等。此包装的盖膜，既要考虑保质期限，又要考虑盖膜与杯子间的热封强度，还要考虑消费者使用方便——易撕性，为符合上述要求，内层材料只能与杯口形成界面黏合强度，而不能完全渗透、融合在一起，一般用改性的 EVA 树脂来做包装材料。

5. 复合包装材料共挤膜

用共挤吹膜或共挤流延设备生产的共挤膜，综合性能得到提高，如膜的机械强度、热封性能、热封温度、阻隔性、开口性、抗污染性等，由于其加工成本又降低，所以得到广泛使用。

从 LDPE、LLDPE、CPP、MLLDPE，到共挤膜的大量使用，基本实现了包装的功能化和个性化，随着新材料的不断推出，内层膜生产技术和设备也不断提高，复合软包装材料内层膜必将得到飞速发展。

6. 其他复合包装材料

随着社会的进步，人类需求不断增长，各种功能性和环保性的包装薄膜不断出现，例如，环保安全、降解彻底，又具有良好热封性能的水溶性聚乙烯醇薄膜，除了用作单层包装材料外，用作内层膜的功能也正在开发。

2.9 包装印刷工艺、类型及方法

2.9.1 印刷工艺

印刷工序：制版、印刷、装订或形切成型。

印刷过程：原稿、照相、制版、印刷、装订。

印刷工艺：覆膜、装订、烫金（银）、模切、压痕、起凸 / 压凹、打孔、打号、UV 上光、压纹、专色印刷、其他工艺。

2.9.2　印刷的类型

印刷大致可分为凹版印刷、凸版印刷、平版印刷、丝网印刷、柔版印刷、数码印刷等类型。

（1）凹版印刷。图文部分凹于版面之下，空白部分凸起。印刷时先将整个印版表面填充油墨，保留图文低凹部分的油墨，将空白部分的油墨除去。覆盖纸之后，利用机械重大压力将凹陷的印纹油墨印在承载物上，墨层厚的地方颜色深，墨层薄的地方颜色浅，其成品色调丰富、表现力强。

（2）凸版印刷，整体清晰度高，色彩鲜艳。

（3）平版印刷。平版印刷是利用水油相拒的原理，令印刷部分沾满油墨，非印刷部分因水的保护具有了防墨的效果。平版印刷成本较低，多用于报纸、杂志等图片较大的印刷品的印刷上。

（4）丝网印刷。印刷时，通过刮板的挤压，使油墨通过图文部分的网孔转移到承印物上，形成与原稿一样的图文。丝网印刷具有设备简单，操作方便，成本低廉，适应性强的特点。

（5）柔版印刷，常采用卷筒型材料，印刷速度快、承印材料广、印刷质量好、污染性小、成本较低，在包装印刷中发展较快，是较为新型的印刷技术。

（6）数码印刷。数码印刷是交叉性极强的印刷技术，是印刷、电脑、网络等多种技术共同作用的结果。

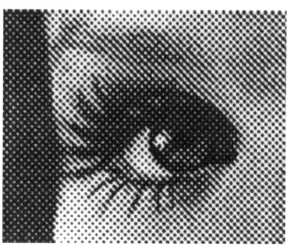

2.9.3　常见印刷方法及其应用

1. 铝箔纸印刷

　　铝箔最主要的特性是防潮、遮光，主要应用在食品、香烟或胶片包装上。在铝箔背面贴上纸张或塑胶膜，用途更为广泛。铝箔是卷筒式的，大都采用凹版印刷方式，一般用于印制大数量的包装物或大数量的印件。

2. 塞路洛纸印刷

　　塞路洛纸的主要特性是防湿、光亮，普遍应用于食品及化妆品包装上，美观又卫生。透明纸在印刷后经过表面处理与背面处理，会成为塑胶薄膜的状态，便成为塞路洛纸，可分为透明与不透明两类。

3. 铁皮印刷

　　铁皮印刷包装在日常生活中较为常见，如罐头、糖果盒等，形式各样、美观宜人。由于铁皮本身是光亮材料，所以印刷色彩更加艳丽。铁皮印刷一般采用平版印刷方式，印刷之前先以酸液清洗铁皮，再在铁皮上涂一层防锈漆料，然后即可进行印刷，印刷完毕后再加工制罐。

4. 软管印刷

软管也是一种较普遍的印刷物，常指软性金属，如铅、铝、锡等，常见的软管包装有牙膏管、药膏管、颜料管等。由于所装的物质不同，所以涂料以防止化学变化是极为重要的。软管印刷多使用干式平版印刷方式，使用自动化设备，从软管内部处理到表面印刷，最后灌入内容物再行包装，生产极为快速。

5. 塑胶软片印刷

塑胶软片印刷是单独印刷后再与其他胶片贴合而成的印刷方式，以食品包装为例，其包装材料必须具有防湿、无臭、无味、防止透气等功能。自动包装机的类型及各种条件配合，在一定程度上能影响塑胶软片印刷的质量。

6. 立体印刷

立体印刷一般分为透过式与反射式两种。透过式立体印刷产品常以彩色软片或者塑胶软片为材料，采用平版印刷方式印制而成。反射式立体印刷产品则以铜版纸等纸张为材料，施行精密平版多色印刷，并将透明塑胶制成波浪形透明镜立体印刷，由原稿摄影到制版、印刷及最后的贴合加工，采用一贯作业方式完成，较复杂的立体印刷更加需要采用一贯作业方式。立体印刷由于其产品之特殊趣味，广为消费者喜爱，也广泛应用于广告媒体，如风景明信片、年历卡、POP、标签、吊卡、扑克牌、火柴盒等，其前景很好，值得研究开发。

7. 磁性印刷

磁性印刷属于数字印刷的范畴，是一种特殊油墨的防伪印刷技术，通过在油墨中添加磁性物质进行印刷。

磁性印刷品的片基要求有适度的韧性，厚度均匀、表面平滑，常用的材料有胶版纸、涂料纸等，此种印刷品的特点是可以在磁性卡片上写入、读出数据，视觉上能够看到文字、图案和照片。

8. 凹凸压印

凹凸压印使用压力，利用纸张的弹性机能来产生凹凸的现象。凹凸压印的工具由凹形模具与凸形模具组成，一般方法是把凸形模具放置在平台上固定，然后稍加热，凹形模具由上至下压，则纸张便产生凹凸形状。当商标或图案外缘必须压印成立体凹凸形时，必须在四边精密套准规线，否则其形态和印刷部分便不能完全吻合。

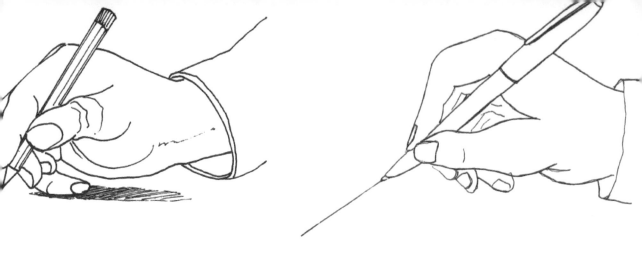

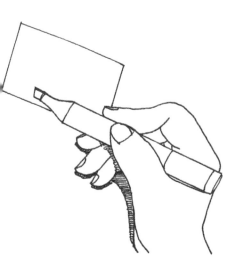

第3章

包装设计手绘基础

| 本 章 要 点 |

本章将讲解常用工具与材料、色彩的原理、透视关系及手绘姿势等内容，让大家对包装设计手绘基础知识有个初步的了解，并为后面内容的学习打下坚实的基础，希望大家认真对待并熟练掌握。

3.1 常用工具与材料

工具的选择对包装设计手绘有着至关重要的影响，并不是价格越高的工具越好，最重要的是选择适合自己的工具，能使自己在手绘过程中得心应手。当然，手绘工具种类繁多，功能齐全，下面将介绍包装设计手绘中常用的笔、绘图纸等。

3.1.1 绘图铅笔

绘图铅笔按笔芯的硬度划分为13个等级，以英文字母 H、B 相区别。其中 H 表示硬，B 表示软，硬度分为 H~9H，数字越大，硬度越强，颜色越淡；软度分为 B~6B，数字越大，软度越大，颜色越重。一般情况下，普通铅笔只有 HB 级，表示软硬适中。

绘图铅笔对纸张硬度及绘图用力程度非常敏感，并能由此产生出丰富的黑、白、灰变化效果，而本书主要运用绘图铅笔进行前期草图的勾画。

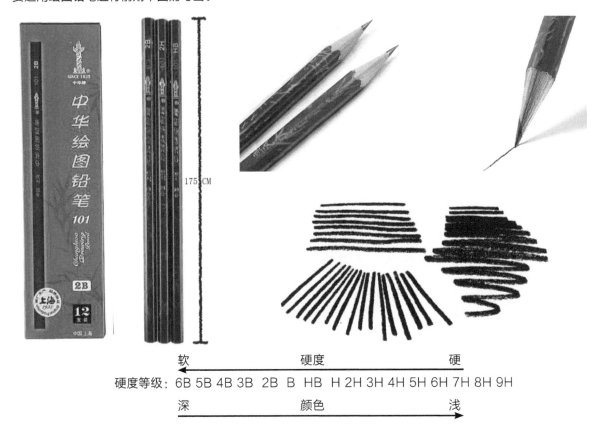

软　　　　　　　　硬度　　　　　　　硬

硬度等级：6B 5B 4B 3B 2B B HB H 2H 3H 4H 5H 6H 7H 8H 9H

深　　　　　　　　颜色　　　　　　　浅

3.1.2 自动铅笔

自动铅笔的用途和绘图铅笔类似，只是自动铅笔用起来要方便很多，它不仅携带方便、自动出芯，而且干净卫生。

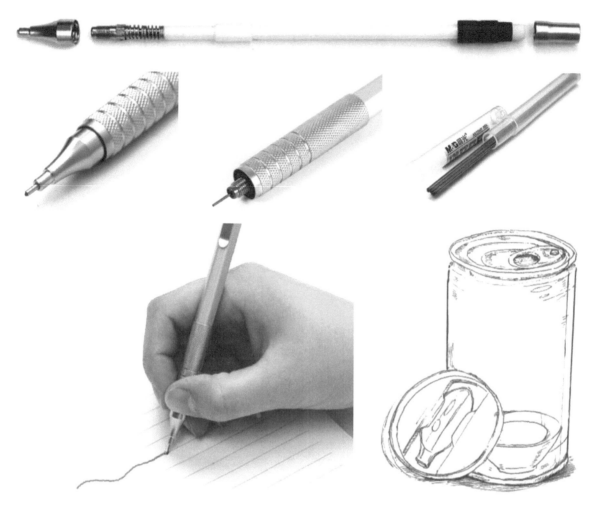

3.1.3　针管笔

　　针管笔的粗细、型号多样，一般针管笔管径有 0.05mm~3.0mm 及 BRUSH 软笔等 11 种不同的规格。针管笔可以画出变化丰富的线条，相较绘图铅笔扣自动铅笔而言，它更易于表现画面和易于设计师熟练掌握，所以成为手绘表现中最常用的工具。

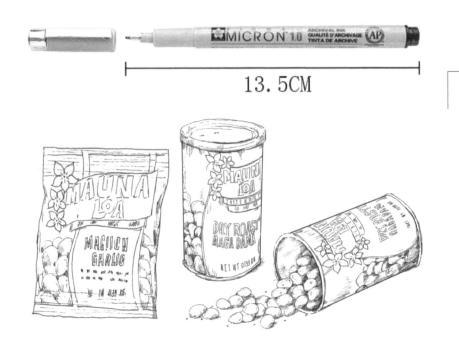

13.5CM

提示

对于刚接触手绘的初学
者来说，因为需要大量
的练习，所以并不需要
使用太昂贵的针管笔，
笔者推荐使用晨光牌的
会议笔练习即可，各地
文具店都有销售，物美
价廉。

3.1.4 马克笔

马克笔通常用来快速表现设计的效果，它具有色彩丰富、容易着色、成图迅速、易于携带等优点，因此深受设计师的喜爱，广泛应用于效果图的绘制中。但对于包装设计手绘来说，马克笔的弊端也比较明显，如不能深入刻画细节等。

下面将介绍包装设计手绘中常用的 3 种马克笔类型，即水性马克笔、油性马克笔、酒精性马克笔。

1. 水性马克笔

水性马克笔颜色亮丽，有透明感，但多次叠加后颜色会变灰，而且容易损伤纸面。用蘸水的笔在上面涂抹的话，能产生跟水彩很相似的效果。

2. 油性马克笔

油性马克笔干得快、耐水，而且耐光性也相当好，多次叠加颜色也不会伤纸。常见的品牌有 Touch 油性马克笔、三福油性马克笔、AD 高端马克笔，等等。

3. 酒精性马克笔

酒精性马克笔可在任何光滑表面书写,它的特点是快干、防水、环保,被广泛应用于婚礼现场等设计领域。

在大量练习阶段，可以购买相对而言物美价廉的 Touch 三代马克笔，市面上销售比较广泛，购买方便。

宽头效果

尖头效果

酒精性马克笔容易挥发，造成马克笔没有"墨水"的情况，在这种情况下，只要在笔头处注入一些酒精，马克笔就又可以使用了。

本书主要以 Touch 三代马克笔为例制作色卡，讲解运笔笔触、用色规律、色彩过渡等内容。Touch 牌马克笔以数字来区别不同色号，如 7、8、9、12、14 等，灰色一般有 5 个系列，最常用的有 3 个系列，即 CG（中性灰色系）、WG（暖灰色系）、BG（冷灰色系）。

这里选择市面上性价比较高的一款 Touch 三代马克笔制作了一张 117 色色卡，可供读者了解和参考。

1	2	7	8	9	11	12
14	16	17	18	21	22	23
24	25	28	31	34	35	36
37	38	41	42	43	44	45
46	47	48	49	50	52	53
54	55	56	57	58	59	61
62	63	64	65	66	67	68
70	75	76	77	82	83	84
85	86	87	88	91	92	93
94	95	97	99	100	102	103
104	107	121	123	124	125	132
134	136	137	138	139	140	141
144	145	146	147	163	166	167
169	171	172	175	179	183	185
198	CG1	CG2	CG3	CG4	CG5	CG6
WG2	WG3	WG4	WG5	WG6	GG1	GG3
GG5	GG7	BG3	BG5	BG7		

3.1.5　绘图纸张

绘图纸张的种类有很多，在包装设计手绘中，常用的有绘图纸、复印纸、硫酸纸等。

硫酸纸又叫拷贝纸，表面光滑，耐水性差。由于其透明的特性，可以方便地拷贝底图，但纸张上色会比较灰淡，渐变效果难以绘制。

复印纸价格便宜，性价比较高，渗透性适中，但不能承担多次运笔。它是常用的手绘练习用纸（本书案例主要使用复印纸来绘制）。

绘图纸渗透性较大，价格较贵，可以承担多次运笔。

在绘制包装设计手绘图时，读者可以根据实际情况选择合适的纸张。

硫酸纸

复印纸

绘图纸

水彩纸的吸水性比较好，磅数较厚，纸面的纤维也较多，不易因重复涂抹而破裂和起毛球。一张好的水彩纸不仅需要能够承受足够的水分，还需要保证水分在纸面上流动而不迅速渗入纸张。

------提示

水彩纸还分粗细纹理，具体可根据喜好及需要绘制的效果进行选择，初学者在练习时可以多尝试几种不同的表现效果。

水彩纸

3.1.6　橡皮

橡皮的种类比较多，建议大家准备软、硬两种橡皮，硬的一块用于清理细节，软的一块用于清除大面积线稿。

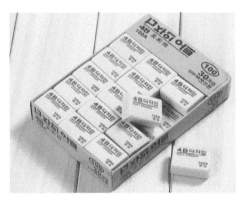

------提示

软橡皮也叫可塑橡皮，它可以被捏成各种形状，既能够清理大面积，也可以将其捏细来清理很小的细节。

在包装设计手绘效果图中，软橡皮主要用来在上色前擦淡线稿，以保持画面的整洁。

3.2 色彩的原理

在学习包装设计手绘之前，需要熟练掌握并应用色彩的基础知识，接下来将讲解色彩的属性、色彩的3种类型和色彩的特性。

3.2.1 色彩的属性

色彩有色相、明度和纯度3种属性。色相是色彩的首要特征，是区别各种不同色彩的标准。明度是指色彩的明暗，它主要由光的强弱决定。纯度通常是指色彩的鲜艳度，也称饱和度。

以下是色相环和色彩的色相、明度、纯度变化，方便大家认知色彩。

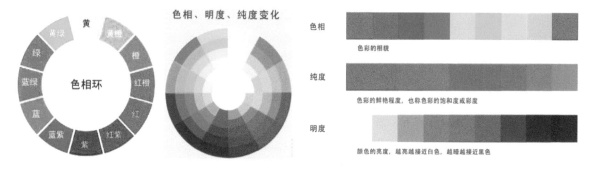

3.2.2 色彩的3种类型

1. 固有色

固有色是物体本身的颜色，即物体固有的属性在常态光源下呈现出来的色彩。

物体呈现固有色最明显的地方是受光面与背光面之间的部分，也就是素描调子中的灰部。在这个范围内，物体受外部条件色彩的影响较少，它的变化主要是明度变化和色相本身的变化。因为固有色在一个物体中占有的面积最大，所以对它的研究就显得十分重要。

2. 光源色

光源色是指某种光线（如太阳光、月光、灯光等）照射到白色光滑不透明物体上所呈现的颜色。

3. 环境色

环境色是指在光的照射下，环境所呈现的颜色。物体表面受到光照后，除吸收一定的光外，也能将光线反射到周围的物体上，光滑的材质具有强烈的反射作用，在暗部中的反映也较明显。环境色的存在和变化，加强了画面事物之间的色彩呼应和联系，能够微妙地表现出物体的质感，也大大丰富了画面中的色彩。

环境色是最复杂的颜色，和环境中各物体的位置、固有色、反光能力都有关。所以，环境色的运用和掌控在绘画中显得十分重要。

3.2.3 色彩的特性

色彩本身没有冷暖之分，色彩的冷暖是建立在人的心理、生理、生活经验等方面上的，是对色彩的一种感性的认识。一般，光源直接照射到的物体的主要受光面比较明亮，使得这部分物体的颜色看起来偏暖。反之，没有受到光源照射的暗面看起来偏冷。

1. 冷色

蓝色调是冷色系的主要来源，如蓝色、青色、绿色等。冷色调常常给人距离感，让人产生冷静、凉爽的感觉。

2. 暖色

暖色系是由太阳颜色衍生出来的色彩，如红色、橙色、黄色等。暖色调常常给人温暖、亲切、舒适的感觉。

3.3 透视关系

透视是绘制效果图的基础，它直接影响到整个空间的真实性、科学性及纵深感。因此，掌握透视原理是画好包装设计手绘效果图的基础。

3.3.1 透视原理

透视图具有近大远小、近高远底、近长远短、互相平行的直线的透视会交于一点的特点。

透视的基本术语如下。

（1）基面（GP），指承载着物体（观察对象）的平面，如桌面等，在透视学中，默认基面为基准的水平面，而且永远处于水平状态，并与画面形成相互垂直的关系。

（2）立点（SP），指观察者所站立的位置。

（3）视点（EP），指人眼睛的位置。

（4）视高（EL），指视点和站点的垂直距离。

（5）视平线（HL），指由视点向左右延伸的水平线。

（6）灭点（VP），也称消失点，是空间中互相平行的透视线在画面上汇集到视平线上的交点。

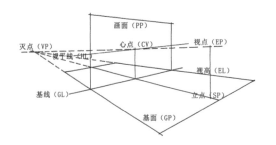

提示

虽然基础概念很复杂，但对于初学者来说，只需要记住灭点和视平线即可。

3.3.2 一点透视

一点透视又叫平行透视，是因为在透视的结构中，只有一个透视消失点。下面将针对一点透视的基本画法和一点透视包装设计手绘效果进行举例。

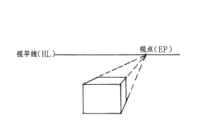

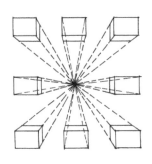

一点透视有很多可辨别的特征，如平行画面的平面保持原来的形状；而且平行画面轮廓的方向不变，没有灭点。水平的保持水平，直立的仍然直立，一点透视表现范围广，纵深感强。

3.3.3　两点透视

两点透视又叫成角透视，是因为在透视的结构中，有两个透视消失点（灭点）。下面将针对两点透视的基本画法和两点透视包装设计手绘效果进行举例。

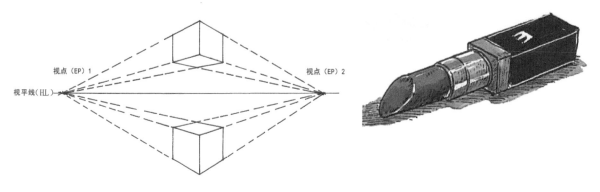

提示

两点透视的表现效果比较自由、活泼，空间比较接近真实的感受。

3.3.4　三点透视

三点透视又称斜角透视，是由视线与物体所成的角度关系，例如，仰角透视、鸟瞰透视等都属于三点透视。三点透视有 3 个灭点，所表现的主体具有较强的纵深感，相对于平行透视来说更具有夸张性和戏剧性，但如果角度和距离选择不当，主体可能会失真变形。

接下来将针对三点透视的基本画法和三点透视包装设计手绘效果进行举例。

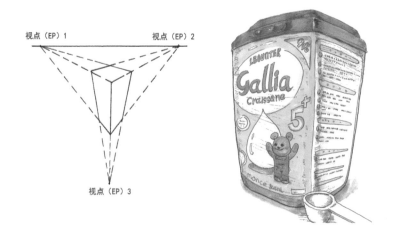

提示

三点透视常常用来表示俯视或仰视角度，这种透视方法可以将包装设计表现得更富有冲击力。

3.4 手绘姿势

要画好手绘，正确的姿势是很重要的。手绘姿势主要分为握笔姿势和坐姿，下面将针对握笔姿势和坐姿做详细介绍。

3.4.1 握笔姿势

写字时握笔较紧，手指较靠前，而绘画时握笔应较松，手指较靠后。作画时，以小拇指的第 2 个关节作为与纸的接触点，它的支撑点是关节一个点，而不是一条线或一个面。手臂要离画架差不多一个手臂的距离，这样才能舒展得开。

画线条时握笔、运笔要注意的问题如下。

（1）手指关节、手腕不要动，线条是通过手臂的整体运动画出的。

（2）手侧面不能悬空，要与纸面接触，否则容易重心不稳，线条不能一气呵成地画出来。

3.4.2 坐姿

作画时上身坐正，两肩齐平；头正、背直、胸挺起，胸口离桌沿一拳左右；左手按纸右手执笔；眼睛与纸面应该保持一定距离，不要长时间低头画，要时不时站起来观察，这样比较容易发现错误并及时改正。

正确坐姿   错误坐姿

设计说明：零食包装设计对于包装材质无过多局限，使用塑料、纸质、玻璃均可。考虑到零食需要便携性，所以该设计中采用了BOPP、LLDPE两层复合材料，防潮，耐寒，低温热封，拉力强；色彩搭配更加注重消费年龄层的需求；该包装结合内装物口味选择了相应色；尽量保持内装物与包装之间的联系，正确引导消费者。

LDPE两层复合

BOPP/LLDPE两层复合

马口铁

设计说明：在啤酒包装设计中，要注意啤酒的气体隔性，主要是对二氧化碳的长期有效阻止。还要注意运输过程中存在的碰撞问题。啤酒瓶采用玻璃材质，玻璃可以避免啤酒中的微量元素和风味流失。易拉罐装同理，更便于运输携带。这两种材质都具有化学稳定性，不易被酒精腐蚀。

玻璃　　　铝材

第4章

食品包装设计
案例解析

|　　本　　章　　要　　点　　|

食品包装设计是消费者对产品的视觉体验，是产品个性的展示和传递，也是企业形象定位的直接表现。好的包装设计是企业创造利润的重要手段之一，策略定位准确、符合消费者心理的食品包装设计，能帮助企业在众多竞争品牌中脱颖而出，赢得"可靠"的声誉。

本章主要介绍食品包装的设计原则、食品包装的规格、食品包装设计的方法和步骤，以及零食包装快题设计、饮料包装快题设计、粮油包装快题设计、酸奶包装快题设计、啤酒包装快题设计等内容。

设计说明：瓶装饮料作为日常饮品，设计中要在外包装明显表达内装物的成分特性；独特的外形设计成为饮品包装的重点；材质通常选用塑料材质，便于携带及环保回收。考虑到内装物的品质、材质，该商品设计采用了与之相呼应的玫红，将标签大小设计为长条状，使饮料自身鲜艳颜色吸引消费者，特惠组合包装同样结合形状采用巧妙配套设计元素。

HDPE

塑料

PET塑料

设计说明：包装设计的目的是让消费者清楚地看到粮油产品的品相、原材料，并产生兴趣；食用油包装设计中的PET材质包装多为调和油的大桶包装，铁皮桶包装定位在中高端，在设计上要综合考虑到食用油的包装特点。

玻璃

4.1 食品包装的设计原则

随着生活水平的提高，人们对食品的要求不仅仅停留在食品自身的品质上，对食品的包装也更加关注。包装不仅能保证食品的卫生和安全，而且能吸引人们的眼球，激发购买欲。

现代食品包装的设计原则是：根据被包装食品的保护性要求，科学地选用保护功能好的包装材料，进行合理的结构设计和包装装潢设计，配套使用精密可靠的包装机械设备；采用先进的包装技术方法，从而达到保护食品的目的。

在设计食品包装时要注意以下几点。

（1）要有利于保护产品。

（2）要便于运输、保管、陈列、携带和使用。

（3）要美观大方。

（4）要考虑经济效益。

（5）要讲求信誉。

（6）要尊重宗教信仰和习俗。

 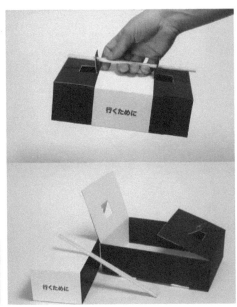

4.2 食品包装的规格

由于食品的分类复杂，所以目前我国仅对部分标注项做了相应要求。作为产品包装上的标志，应有以下10方面的内容。

（1）产品要有检验合格证。

（2）有中文标明的产品名称、厂名、厂址。进口产品在国内市场销售，必须有中文标志。

（3）根据产品的特点和使用要求，需标明产品规格、等级，所含主要成分的名称和含量。

（4）限制使用的产品，应标明生产日期或失效期，包装食品必须注明生产日期、保质期或保存期。

（5）对于容易造成产品本身损坏或者可能危及人身、财产安全的产品要有警示标志或中文标示说明。

（6）已被工商部门批准注册的商标，其标志为 Register 或"注"。

（7）已被专利部门授予专利的，可在产品上注明。

（8）生产企业应在（产品或其说明）包装上注明所执行标准的代号、编号、名称。

（9）已取得国家有关质量认证的产品，可在包装上使用相应的安全或合格认证标志。

（10）条码——国家技术监督局已明确规定，所有进入市场交易的商品都必须实行条码化。

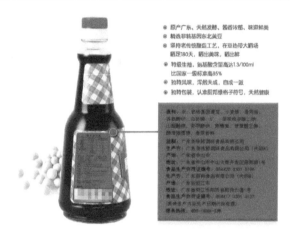

包装设计中的特别规定如下。

（1）玻璃瓶装啤酒要标注"切勿撞击，防止爆破"等相关警示语。由国家质检总局和国家标准委联合发布的《预包装饮料酒标签通则》规定：从 2007 年 10 月 1 日起，用玻璃瓶包装的啤酒上要求标注"切勿撞击，防止爆破"等相关警示语。

（2）"鲜"字不能随便用。新规要求：凡是经热加工处理的预包装食品，其产品名称不应命名为"鲜 XX"。消费者常饮用的、被加温到 75°~80℃的巴氏奶和经过137℃瞬间加热消毒的常温奶都不能再称为"鲜牛奶"了。商家也不能将只加入部分果汁的饮料称为"鲜果汁"，今后"鲜"字可能在多数果汁饮料的标签名称上消失。

（3）"过度饮酒，有害健康"等劝酒警示语要印上酒瓶。根据规定，酒精浓度大于 0.5 度的饮品（包括啤酒、葡萄酒、果酒、白酒等）的包装上，要有类似"过度饮酒，有害健康""酒后请勿驾车""孕妇和儿童不宜饮酒"等劝酒警示语。

4.3 食品包装设计的方法和步骤

　　水、茶与酒的不同特性使它们对包装设计有不同的要求，即使同是液态的商品，由于性质不同，其包装形式的差异也是非常大的，糖果糕点类也是如此。

　　食品包装的设计主要依据以下因素及顺序进行。

　　（1）确定制品的保质期要求。根据制品的特性和市场上要求的保质期确定包装基准。

　　（2）调查销售情况。调查市场上和计划生产的制品相类似的制品的陈列状况和保管状态，以确定销售方法和销售地点。

　　（3）确定制品规格。明确包装制品的规格，如包装制品的重量、体积、数量、有无着色、组织形态及包装成本等。

　　（4）确定包装形式。以市场要求为基准，同时参考销售方所要求制品的强度和韧性，来确定包装形式。

　　（5）检验其社会效益。开始进行包装设计时，应注意检查包装材料的安全性，以确保食品的安全。

　　（6）确定包装机种类。根据不同的包装方法，决定需使用的包装机的类型。

　　（7）确定包装材料。在确定包装机的同时就可选择与之相适应的薄膜，此外，还可以根据流通状况及销售陈列效果确定包装材料的性能。

　　（8）确定包装方法。根据包装基准和包装形式来确定包装方法。密着包装时，既要根据脱气方式和真空方式对隔气性、耐冲击性进行研究，也要根据是否进行二次杀菌对耐热性及热收缩性进行研究；含气包装时，要对隔气性、耐油性及热粘接性进行研究。

4.4 零食包装快题设计

【题目要求】

自拟零食包装方案，设计一组零食包装设计，要求设计标志 1 个，包装 1 套（至少包含两个包装单体），并撰写设计说明。

【题目解析】

食品包装设计是许多院校平面设计专业研究生考试中的常见考题，在绘制食品类包装效果图时，要准确定位，制订符合消费者心理的方案，同时要注意画面构图的合理性、透视及比例关系的准确性，图形之间要在色调和材质等方面做到一致。

【设计构思】

这是一组饼干类的食品包装设计，在包装的结构方面，既有经济实惠的大包装，也有方便携带的小包装，层次清晰。食品包装采用品牌标志、饼干及柠檬等元素进行装饰。色彩上采用柠檬黄作为主色，给人清新、美味的感觉，柠檬叶子与商标的一抹绿色衬托产品主题并与之相呼应。在材料方面选用 BOPP/LLDPE 两层复合材料，具备防潮、耐寒、低温热封、拉力强等特性。

【绘制步骤】

步骤01 用铅笔进行构图，打好底稿，区分好图形、标志的大概位置。这一步线条不要画得过重，画面的布局要合理，透视要准确。

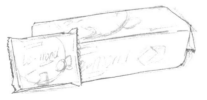

步骤02 在铅笔稿的基础上，用针管笔准确绘制出食品包装的外轮廓，注意线条的流畅性。

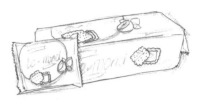

步骤03 用针管笔绘制出食品包装上饼干与柠檬纹样的细节部分，注意绘制时要抓住纹样特征，下笔要准确。

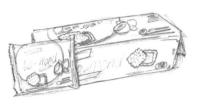

步骤04 用针管笔绘制食品包装上的文字部分和细节部分，文字部分用长条形概括。

步骤05 用针管笔绘制出食品包装的品牌标志。

设计说明：零食包装设计对于包装材质无过多局限，使用塑料、纸质、玻璃均可。考虑到零食需要便携性，所以该设计中采用了BOPP、LLDPE两层复合材料，防潮、耐寒，低温热封，拉力强；色彩搭配更加注重消费年龄层的需求；该包装结合内装物口味选择了相应色；尽量保持内装物与包装之间的联系，正确引导消费者。

BOPP/LLDPE两层复合

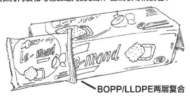

BOPP/LLDPE两层复合

步骤06 擦除铅笔线条，保持画面整洁，并在右上角添加设计说明和包装材质，使画面内容更加完善。

步骤07 选择 CG1 号（　　　）马克笔对食品包装的阴影部分进行上色，上色时应注意细节的刻画。

设计说明：零食包装设计对于包装材质无过多局限，使用塑料、纸质、玻璃均可。考虑到零食需要便携性，所以该设计中采用了BOPP、LLDPE两层复合材料，防潮，耐寒，低温热封，拉力强；色彩搭配更加注重消费年龄层的需求；该包装结合内装物口味选择了相应色；尽量保持内装物与包装之间的联系，正确引导消费者。

BOPP/LLDPE两层复合

BOPP/LLDPE两层复合

设计说明：零食包装设计对于包装材质无过多局限，使用塑料、纸质、玻璃均可。考虑到零食需要便携性，所以该设计中采用了BOPP、LLDPE两层复合材料，防潮，耐寒，低温热封，拉力强；色彩搭配更加注重消费年龄层的需求；该包装结合内装物口味选择了相应色；尽量保持内装物与包装之间的联系，正确引导消费者。

步骤08 选择 37 号（　　　）马克笔画出食品包装的黄色部分。

BOPP/LLDPE两层复合

BOPP/LLDPE两层复合

设计说明：零食包装设计对于包装材质无过多局限，使用塑料、纸质、玻璃均可。考虑到零食需要便携性，所以该设计中采用了BOPP、LLDPE两层复合材料，防潮，耐寒，低温热封，拉力强；色彩搭配更加注重消费年龄层的需求；该包装结合内装物口味选择了相应色；尽量保持内装物与包装之间的联系，正确引导消费者。

步骤09 选择 37 号（　　　）马克笔、65号（　　　）马克笔、55号（　　　）马克笔、34 号（　　　）马克笔、132 号（　　　）马克笔给食品包装上色。

BOPP/LLDPE两层复合

BOPP/LLDPE两层复合

步骤10 选择 55 号(▇▇▇)马克笔、34 号（▇▇▇）马克笔、132 号（▇▇▇）马克笔给饼干和柠檬上色，注意高光的处理。

设计说明：零食包装设计对于包装材质无过多局限，使用塑料、纸质、玻璃均可。考虑到零食需要便携性，所以该设计中采用了BOPP、LLDPE两层复合材料，防潮，耐寒，低温热封，拉力强；色彩搭配更加注重消费年龄层的需求；该包装结合内装物口味选择了相应色；尽量保持内装物与包装之间的联系，正确引导消费者。

BOPP/LLDPE两层复合

BOPP/LLDPE两层复合

设计说明：零食包装设计对于包装材质无过多局限，使用塑料、纸质、玻璃均可。考虑到零食需要便携性，所以该设计中采用了BOPP、LLDPE两层复合材料，防潮，耐寒，低温热封，拉力强；色彩搭配更加注重消费年龄层的需求；该包装结合内装物口味选择了相应色；尽量保持内装物与包装之间的联系，正确引导消费者。

步骤11 选择 11 号(▇▇▇)马克笔、132 号（▇▇▇）马克笔、61 号（▇▇▇）马克笔、37 号（▇▇▇）马克笔绘制产品细节，如字母等。

BOPP/LLDPE两层复合

BOPP/LLDPE两层复合

设计说明：零食包装设计对于包装材质无过多局限，使用塑料、纸质、玻璃均可。考虑到零食需要便携性，所以该设计中采用了BOPP、LLDPE两层复合材料，防潮，耐寒，低温热封，拉力强；色彩搭配更加注重消费年龄层的需求；该包装结合内装物口味选择了相应色；尽量保持内装物与包装之间的联系，正确引导消费者。

BOPP/LLDPE两层复合

BOPP/LLDPE两层复合

步骤12 选择 11 号(▇▇▇)马克笔、132 号（▇▇▇）马克笔、61 号（▇▇▇）马克笔、37 号（▇▇▇）马克笔绘制剩余部分的细节。

4.5 饮料包装快题设计

【题目要求】

自拟品牌名称,设计一套瓶装饮料包装,要求设计标志1个,包装1套(至少包含两个包装单体),并撰写设计说明。

【题目解析】

饮料包装设计是平面设计类的常见考题,在绘制饮料包装效果图时,要注意画面构图的合理性、色彩心理的把控和容器造型样式及功能的运用。

【设计构思】

这是一组饮料的包装设计。在包装的结构方面,拥有精美的手提便携包装盒,设计新颖、操作方便。外包装礼盒采用品牌标志、心形、树叶和草莓等元素进行装饰。色彩上采用红、蓝色系作为主色,具有较强的视觉冲击力,在材料方面,选用塑料材质以便于携带及环保回收。

【绘制步骤】

步骤01 用铅笔构图,打好底稿,区分图形、标志的大概位置。

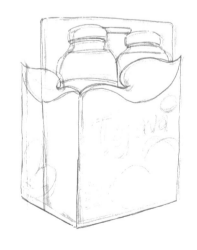

步骤02 用流畅的线条绘制出饮料包装的外轮廓。

步骤03 用针管笔绘制出食品包装上树叶与心形的细节。

步骤04 用线描的方法绘制出食品包装的阴影部分，注意对线条之间的距离与线条长短的把握。

步骤05 用针管笔绘制出食品包装的标志图形，注意其透视关系的变化。

纸质

HDPE

塑料

步骤06 用针管笔勾勒出草莓的图形，擦除铅笔线条，保持画面的整洁。添加包装材质，完善画面。

设计说明：瓶装饮料作为日常饮品，设计中要在外包装明显表达内装物的成分特性；独特的外形设计成为饮品包装的重点；材质通常选用塑料材质，便于携带及环保回收。考虑到内装物的品质、材质，该商品设计采用了与之相呼应的玫红，将标签大小设计为长条状，使饮料自身鲜艳颜色吸引消费者，特惠组合包装同样结合形状采用巧妙配套设计元素。

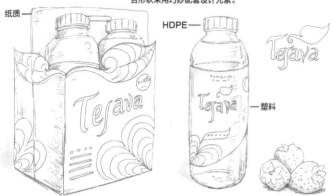

步骤07 选择 185 号（ ）马克笔绘制食品包装的阴影，选择 134 号（ ）马克笔绘制草莓的阴影。

步骤08 选择 7 号（ ）马克笔对盒装饮料进行上色，选择 68 号（ ）马克笔绘制商标和部分花纹。

设计说明：瓶装饮料作为日常饮品，设计中要在外包装明显表达内装物的成分特性；独特的外形设计成为饮品包装的重点；材质通常选用塑料材质，便于携带及环保回收。考虑到内装物的品质、材质，该商品设计采用了与之相呼应的玫红，将标签大小设计为长条状，使饮料自身鲜艳颜色吸引消费者，特惠组合包装同样结合形状采用巧妙配套设计元素。

设计说明：瓶装饮料作为日常饮品，设计中要在外包装明显表达内装物的成分特性；独特的外形设计成为饮品包装的重点；材质通常选用塑料材质，便于携带及环保回收。考虑到内装物的品质、材质，该商品设计采用了与之相呼应的玫红，将标签大小设计为长条状，使饮料自身鲜艳颜色吸引消费者，特惠组合包装同样结合形状采用巧妙配套设计元素。

步骤09 选择 68 号（ ）马克笔对瓶装商标及花纹部分进行上色，注意细节的刻画，不要涂出界。选择 169 号（ ）马克笔对瓶装饮料细节部分进行处理。

步骤10 选择 55 号（ ）马克笔绘制产品细节，选择 68 号（ ）马克笔绘制局部花纹，要顺时针上色。

设计说明：瓶装饮料作为日常饮品，设计中要在外包装明显表达内装物的成分特性；独特的外形设计成为饮品包装的重点；材质通常选用塑料材质，便于携带及环保回收。考虑到内装物的品质、材质，该商品设计采用了与之相呼应的玫红，将标签大小设计为长条状，使饮料自身鲜艳颜色吸引消费者，特惠组合包装同样结合形状采用巧妙配套设计元素。

设计说明：瓶装饮料作为日常饮品，设计中要在外包装明显表达内装物的成分特性；独特的外形设计成为饮品包装的重点；材质通常选用塑料材质，便于携带及环保回收。考虑到内装物的品质、材质，该商品设计采用了与之相呼应的玫红，将标签大小设计为长条状，使饮料自身鲜艳颜色吸引消费者，特惠组合包装同样结合形状采用巧妙配套设计元素。

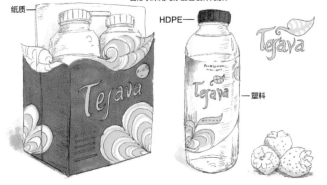

步骤11 选择 11 号（ ）马克笔给瓶盖部分上色，选择 68 号（ ）马克笔给盒装包装花纹上色。

步骤12 选择 11 号（ ）马克笔给瓶装饮料及草莓上色，选择 47 号（ ）马克笔和 43 号（ ）马克笔给草莓叶上色，上色时需注意明暗关系的处理。选择 132 号（ ）马克笔对瓶装饮料细节部分进行处理。

设计说明：瓶装饮料作为日常饮品，设计中要在外包装明显表达内装物的成分特性；独特的外形设计成为饮品包装的重点；材质通常选用塑料材质，便于携带及环保回收。考虑到内装物的品质、材质，该商品设计采用了与之相呼应的玫红，将标签大小设计为长条状，使饮料自身鲜艳颜色吸引消费者，特惠组合包装同样结合形状采用巧妙配套设计元素。

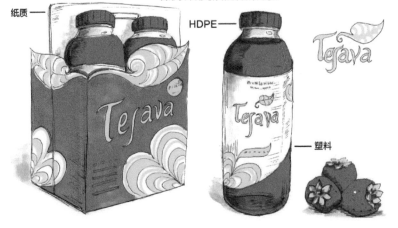

①在绘制心形纹样及叶子纹样时，要注意顺着纹样轮廓依次刻画，注意颜色要有一定的变化规律，要有层次变化。

②绘制角落处草莓时，要注意对色彩的正确使用，选择鲜艳的颜色有助于绘制出草莓的新鲜感，在绘制叶子时，注意对光和色调的掌控。

4.6 粮油包装快题设计

自拟品牌名称，设计一套粮油包装，要求设计标志1个，包装1套（至少包含两个包装单体），并撰写设计说明。

【题目解析】

粮油类包装是生活中比较常见的包装类型，在绘制时要注意其实用性，同时应考虑对色彩的把控，对容器造型及功能的运用。

【设计构思】

这是一组粮油类产品的包装设计。在设计包装时，要注意对形象色的把握，掌握好功能、物质和造型的综合运用。在结构上可分为提拉式大包装和手握式小包装两种，分别采用 PET 塑料和玻璃材质，以充分满足客户的不同需求。色彩上采用黄色、黑色和墨绿色，使包装看起来稳重大气。

【绘制步骤】

步骤01 用铅笔进行构图，打好底稿，注意区分图形、标志的大概位置。线条不要画得过重，画面的布局要合理，瓶身细节要到位，透视关系要准确。

步骤02 用针管笔准确绘制出粮油大瓶包装的外轮廓，注意瓶身凹槽处的对称关系。

步骤03 用针管笔绘制出粮油小瓶包装的外轮廓，注意瓶身高度不同，透视关系亦有区别。

步骤04 用针管笔绘制出粮油包装的商标，注意字体的不同类型与粗细变化。

步骤05 在铅笔稿的基础上，用针管笔对粮油包装细节部分进行绘制，注意对长、短线条的把控和对线条疏密关系的处理。

步骤06 擦除铅笔线条，保持画面整洁。在右上角添加设计说明，并标出包装材质，使画面的内容更加完整。

PET塑料 ——

设计说明：包装设计的目的是让消费者清楚地看到粮油产品的品相、原材料，并产生兴趣；食用油包装设计中的PET材质包装多为调和油的大桶包装，铁皮桶包装定位在中高端，在设计上要综合考虑到食用油的包装特点。

玻璃

PET塑料 ——

设计说明：包装设计的目的是让消费者清楚地看到粮油产品的品相、原材料，并产生兴趣；食用油包装设计中的PET材质包装多为调和油的大桶包装，铁皮桶包装定位在中高端，在设计上要综合考虑到食用油的包装特点。

步骤07 选择 CG2 号（　　　）马克笔对瓶装粮油的阴影进行上色，上色时注意对转折关系的把握和对细节的处理。

玻璃

步骤08 选择 37 号（■■■■）马克笔绘制粮油包装瓶身的固有色，上色时需注意对质感的刻画。

PET塑料

设计说明：包装设计的目的是让消费者清楚地看到粮油产品的品相、原材料，并产生兴趣；食用油包装设计中的PET材质包装多为调和油的大桶包装，铁皮桶包装定位在中高端，在设计上要综合考虑到食用油的包装特点。

玻璃

PET塑料

设计说明：包装设计的目的是让消费者清楚地看到粮油产品的品相、原材料，并产生兴趣；食用油包装设计中的PET材质包装多为调和油的大桶包装，铁皮桶包装定位在中高端，在设计上要综合考虑到食用油的包装特点。

步骤09 选择 WG6 号（■■■■）马克笔、43 号（■■■■）马克笔、24 号（■■■■）马克笔和 38 号（　　　）马克笔给右侧瓶子瓶身上的商标上色。

玻璃

步骤10 选择 WG6 号（■■■■）马克笔、43 号（■■■■）马克笔、24 号（■■■■）马克笔和 38 号（■■■■）马克笔给中间瓶子瓶身上的商标进行上色。

PET塑料

设计说明：包装设计的目的是让消费者清楚地看到粮油产品的品相、原材料，并产生兴趣；食用油包装设计中的PET材质包装多为调和油的大桶包装，铁皮桶包装定位在中高端，在设计上要综合考虑到食用油的包装特点。

玻璃

步骤11 选择 WG6 号（■■■）马克笔、43 号（■■■）马克笔、24 号（■■■）马克笔、38 号（■■■）马克笔和37 号(■■■)马克笔给大瓶粮油包装上的商标上色。

PET塑料——

设计说明：包装设计的目的是让消费者清楚地看到粮油产品的品相、原材料，并产生兴趣；食用油包装设计中的PET材质包装多为调和油的大桶包装，铁皮桶包装定位在中高端，在设计上要综合考虑到食用油的包装特点。

玻璃

PET塑料——

设计说明：包装设计的目的是让消费者清楚地看到粮油产品的品相、原材料，并产生兴趣；食用油包装设计中的PET材质包装多为调和油的大桶包装，铁皮桶包装定位在中高端，在设计上要综合考虑到食用油的包装特点。

玻璃

步骤12 选择 42 号（■■■）马克笔给粮油包装的瓶盖上色，绘制完成。

4.7 酸奶包装快题设计

【题目要求】

自拟品牌名称，设计一套酸奶包装，要求设计标志1个，包装1套（至少包含3种包装单体），并撰写设计说明。

【题目解析】

酸奶包装设计是平面设计类的常见考题，在绘制酸奶包装效果图时，要注意画面构图的合理性、色彩和容器造型样式的运用。

【设计构思】

这是一组酸奶包装的设计。在包装的结构方面，采用了瓶装和盒装两种最常见的包装结构，外包装主要采用品牌标志、草地与水纹等元素进行装饰。色彩上以白色、绿色、蓝色为主，能够充分体现原生态的产品概念。在材料方面，选用纸质、PET 瓶、PS 聚苯乙烯材质等材料，以便于携带、环保和回收。

【绘制步骤】

步骤01 用铅笔进行构图，确定画面
的布局，注意区分图形、标志的位置。

步骤02 用针管笔准确绘制瓶装酸奶
的外轮廓，注意透视关系和线条的
流畅性。

步骤03 用针管笔准确绘制出盒装酸
奶的外轮廓。

步骤04 用针管笔绘制出酸奶包装中
的细节部分，注意长短线的运用，刻
画细节时要疏密有致，把握好层次。

步骤05 用针管笔绘制出品牌商标，用橡皮擦除铅笔线条，保持画面的整洁。

设计说明：在酸奶包装设计中，一种包装选择了PS聚苯乙烯；PS杯刚性较好，外观高雅，表面光洁度好，耐低温冷冻性能优异，保质期为21天左右。另一种包装选择了纸盒及PET瓶，PET瓶具有较好的遮光性，可有效保护乳制品，从回收系统讲，PET也是回收利用率最高的材料。组合设计包装更能迎合广大消费者的购买需求。

纸质

步骤06 在右上角添加设计说明，并标出包装材质，完成线稿的绘制。

PET瓶

——PS聚苯乙烯

设计说明：在酸奶包装设计中，一种包装选择了PS聚苯乙烯；PS杯刚性较好，外观高雅，表面光洁度好，耐低温冷冻性能优异，保质期为21天左右。另一种包装选择了纸盒及PET瓶，PET瓶具有较好的遮光性，可有效保护乳制品，从回收系统讲，PET也是回收利用率最高的材料。组合设计包装更能迎合广大消费者的购买需求。

纸质

PET瓶

——PS聚苯乙烯

步骤07 选择185号(　　　)马克笔，对酸奶包装的阴影部分进行绘制，注意层次关系的把握。

步骤08 选择46号（▨）马克笔、11号（▨）马克笔、63号（▨）马克笔、132号（▨）马克笔对瓶装酸奶进行上色。

步骤09 选择46号（▨）马克笔、37号（▨）马克笔 11号（▨）马克笔、63号（▨）马克笔对纸质盒装酸奶包装进行上色。

步骤10 选择63号（▨）马克笔、46号（▨）马克笔、11号（▨）马克笔、37号（▨）马克笔对剩余纸质盒装酸奶进行上色。

步骤11 选择选择 63 号（　　　　）马克笔、46 号（　　　　）马克笔、11 号（　　　　）马克笔、132 号（　　　　）马克笔对 PS 聚苯乙烯盒装酸奶和商标进行上色。

纸质

设计说明：在酸奶包装设计中，一种包装选择了PS聚苯乙烯；PS杯刚性较好，外观高雅，表面光洁度好，耐低温冷冻性能优异，保质期为21天左右。另一种包装选择了纸盒及PET瓶，PET瓶具有较好的遮光性，可有效保护乳制品，从回收系统讲，PET也是回收利用率最高的材料。组合设计包装更能迎合广大消费者的购买需求。

PET瓶

PS聚苯乙烯

4.8 啤酒包装快题设计

【题目要求】

　　自拟品牌名称，设计一套啤酒包装，要求设计标志1个，包装1套（至少包含6个包装单体），并撰写设计说明。

【题目解析】

　　啤酒包装是人们在日常生活中常见的一种酒类包装，在绘制其效果图时，要注意画面构图的合理性、物体的比例关系和材质的区分。

【设计构思】

　　这是一组啤酒包装的设计。在包装结构方面，采用了瓶装和罐装两种最常见的酒类包装结构，分别以3个一组、两个一组和1个一组的构图来呈现。色彩上以绿色调为主，在材质上选用了玻璃、马口铁、铝材质，它们具有封闭性强、抗压力强等特点。

【绘制步骤】

步骤01 用铅笔进行构图，打好底稿，区分好图形、标志的大概位置，注意线条不要画得过重。

步骤02 在铅笔稿的基础上，用针管笔准确勾勒啤酒包装的外轮廓，注意线条的流畅性。

步骤03 用针管笔勾勒啤酒包装的商标轮廓，注意透视关系的处理。

步骤04 用针管笔添加啤酒包装的细节部分，注意对构图与疏密关系的把控。

步骤05 用针管笔绘制出产品商标文字及细节部分。在绘画时，注意把握商标文字的间距与文字之间的区分。

马口铁

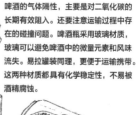

玻璃　　　　铝材

步骤06 用橡皮擦除铅笔线条，保持画面的整洁，在右上角添加设计说明，分别标出包装材质，使画面的内容更加完善。

设计说明：在啤酒包装设计中，要注意啤酒的气体隔性，主要是对二氧化碳的长期有效阻入。还要注意运输过程中存在的碰撞问题。啤酒瓶采用玻璃材质，玻璃可以避免啤酒中的微量元素和风味流失。易拉罐装同理，更便于运输携带。这两种材质都具有化学稳定性，不易被酒精腐蚀。

马口铁

玻璃　　　　铝材

设计说明：在啤酒包装设计中，要注意啤酒的气体隔性，主要是对二氧化碳的长期有效阻入。还要注意运输过程中存在的碰撞问题。啤酒瓶采用玻璃材质，玻璃可以避免啤酒中的微量元素和风味流失。易拉罐装同理，更便于运输携带。这两种材质都具有化学稳定性，不易被酒精腐蚀。

步骤07 选择 185 号（　　　　）马克笔对啤酒包装阴影部分进行上色，注意层次关系的把握。

步骤08 选择 50 号（■■■）马克笔、12号（■■■）马克笔、CG7号（■■■）马克笔、68 号（■■■）马克笔对瓶装啤酒包装进行上色，选择 GG3 号（■■■）马克笔对罐装啤酒包装进行上色。

马口铁

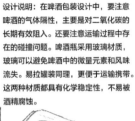

玻璃　　　　　铝材

设计说明：在啤酒包装设计中，要注意啤酒的气体隔性，主要是对二氧化碳的长期有效阻入。还要注意运输过程中存在的碰撞问题。啤酒瓶采用玻璃材质，玻璃可以避免啤酒中的微量元素和风味流失。易拉罐装同理，更便于运输携带。这两种材质都具有化学稳定性，不易被酒精腐蚀。

马口铁

玻璃　　　　　铝材

设计说明：在啤酒包装设计中，要注意啤酒的气体隔性，主要是对二氧化碳的长期有效阻入。还要注意运输过程中存在的碰撞问题。啤酒瓶采用玻璃材质，玻璃可以避免啤酒中的微量元素和风味流失。易拉罐装同理，更便于运输携带。这两种材质都具有化学稳定性，不易被酒精腐蚀。

步骤09 选择 55 号（■■■）马克笔、43 号（■■■）马克笔分别对两个啤酒瓶进行上色，并对酒瓶进行区分。选择 12 号（■■■）马克笔、45 号（　　　）马克笔对瓶身细节进行刻画。

步骤10 选择 12 号（■■■）马克笔、68 号（　　　）马克笔、CG7 号（■■■）马克笔、GG1 号（　　　）马克笔对啤酒瓶身的细节进行上色。

马口铁

玻璃　　　　　铝材

设计说明：在啤酒包装设计中，要注意啤酒的气体隔性，主要是对二氧化碳的长期有效阻入。还要注意运输过程中存在的碰撞问题。啤酒瓶采用玻璃材质，玻璃可以避免啤酒中的微量元素和风味流失。易拉罐装同理，更便于运输携带。这两种材质都具有化学稳定性，不易被酒精腐蚀。

步骤11 选择 CG7 号（▓▓▓）马克笔、12 号（▓▓▓）马克笔、68 号（▓▓▓）马克笔给罐装啤酒的标签上色。

马口铁

设计说明：在啤酒包装设计中，要注意啤酒的气体隔性，主要是对二氧化碳的长期有效阻入。还要注意运输过程中存在的碰撞问题。啤酒瓶采用玻璃材质，玻璃可以避免啤酒中的微量元素和风味流失。易拉罐装同理，更便于运输携带。这两种材质都具有化学稳定性，不易被酒精腐蚀。

玻璃　　铝材

步骤12 选择 46 号（▓▓▓）马克笔、12 号（▓▓▓）马克笔、CG7 号（▓▓▓）马克笔、68 号（▓▓▓）马克笔对啤酒包装的瓶盖进行上色，并绘制剩余商标。

马口铁

设计说明：在啤酒包装设计中，要注意啤酒的气体隔性，主要是对二氧化碳的长期有效阻入。还要注意运输过程中存在的碰撞问题。啤酒瓶采用玻璃材质，玻璃可以避免啤酒中的微量元素和风味流失。易拉罐装同理，更便于运输携带。这两种材质都具有化学稳定性，不易被酒精腐蚀。

玻璃　　铝材

设计说明：Dove巧克力包装设计的目的是保护商品不受损坏与表达文化含义，使其形成一个细化的产品类别，主要用来表达爱情的忠贞——执子之手，与子偕老。本包装设计美观大方，色彩丰富，应用相同的材质，保持画面设计风格的一致性。

设计说明：糕点饼干包装重点将消费群体定位在低年龄层，所以设计色彩要偏童趣；考虑到曲奇易碎，所以采用不锈钢金属包装，起到保护作用。

第 5 章

盒装包装设计案例解析

| 本 章 要 点 |

盒装包装是目前应用最为广泛、结构变化最多的一种销售包装。它具有成本较低、容易加工、适合大批量生产的特点，是最适合精美印刷的包装类型，可以达到好的促销效果。

本章主要介绍盒装包装设计概况、盒装巧克力包装快题设计、盒装牛奶包装快题设计、盒装糕点包装快题设计、盒装茶叶包装快题设计、盒装月饼包装快题设计及盒装药品包装快题设计等。

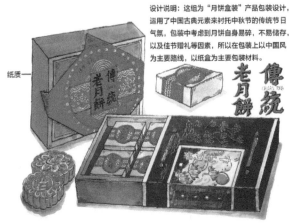

设计说明：这组为"月饼盒装"产品包装设计，运用了中国古典元素来衬托中秋节的传统节日气氛，包装中考虑到月饼自身易碎，不易储存，以及佳节赠礼等因素，所以在包装上以中国风为主要路线，以纸盒盒为主要包装材料。

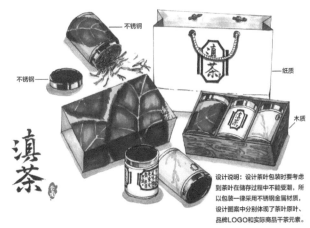

设计说明：设计茶叶包装时要考虑到茶叶在储存过程中不能受潮，所以包装一律采用不锈钢金属材质，设计图案中分别体现了茶叶原叶、品牌LOGO和实际商品干茶元素。

5.1 盒装包装设计概况

接下来，针对纸盒包装的发展与现状、纸盒包装的种类、纸盒包装的选材、纸盒包装结构设计等进行讲解。

5.1.1 纸盒包装的发展与现状

纸盒包装又叫小包装、销售包装、二次包装，纸材质轻，便于运输、携带，容易成型，便于印刷，成本低，容易回收，无公害，因此，在销售包装中纸材质的应用比例最大。

作为环保、绿色、经济性包装的纸盒包装设计需求将更加旺盛，使用范围也越来越广，逐渐成为包装产业的发展方向。目前，我国包装行业能生产6类30余个品种的包装盒材料，虽然已经基本能够满足国内的需求，但仍应该加大包装材料的研究力度及包装行业的政策扶植力度，以生产出更多品种的包装盒材料。

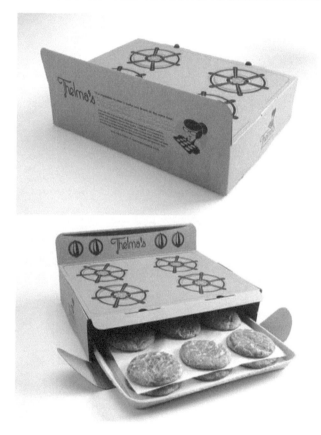

5.1.2 纸盒包装的种类

纸盒的种类和样式有很多，主要区别在于结构形式、开口方式及封口方法。按制盒方式，纸盒一般可以分为折叠纸盒和固定纸盒两种类型。

纸板经裁切压痕后，可折叠成折叠纸盒，一般选用白纸板、挂面纸板及其他涂布纸板等耐折纸箱板。运输时可以折叠成板状，储存方便，占地小。

固定纸盒也叫作粘贴纸盒，它具有防护性能好、堆码强度高、展示促销方便等特点。但是固定纸盒不能折叠成板状，不便于运输和储存，占用的空间较大，且大多数需要用手工成型，生产效率低下。

5.1.3　纸盒包装的选材

外包装纸盒是很常见的包装用品，由于包装要起到保护内容物、宣传产品形象和传递产品信息的作用，所以包装设计是商品的重要组成部分。纸盒包装设计被广泛运用于食品、化妆品、生活用品等行业，而纸盒包装材料的选择也是很有讲究的，从瓦楞纸到牛皮纸、白板纸、白卡纸、铝箔卡纸，再到工业纸板等。选用材料时，不仅要考虑内容物的特性，还要考虑印刷工艺、美观、定位等多个方面，兼顾商品包装特有的文化内涵，给消费者一种美的享受。

5.1.4　纸盒包装结构设计

在纸盒包装结构设计中，要重点考虑盒底部分，纸盒结构一般可以分为框型式结构和托盘式结构两大类。下面将针对这两种纸盒包装结构进行介绍。

1. 框型式结构

框型式结构纸盒的盒身呈框型，在框型盒身 4 个延伸面的基础上，设计出不同栓结形式的纸盒封底结构。

2. 托盘式结构

托盘式结构纸盒的盒底呈盘状，由盒底的几个边延伸出盒身的几个面，盒底与盒身均在同一纸面上，设计成各种不同栓结形式的纸盒结构。

5.1.5　纸盒包装的优势

近些年来，纸盒包装逐渐流行，由于包装简单、图案个性、污染小等特点受到人们的喜爱。纸盒包装的优点如下。

（1）纸盒包装便于机械化生产和装箱封箱等流水作业，生产效率高，易于实现包装标准化。

（2）重量轻，便于装卸和搬运，可以降低产品的破损率。

（3）纸盒易于折叠平放，堆存时可以节省空间，降低成本。

（4）环保，可回收，能够重复利用，节约资源。

（5）包装漂亮，能够促进商品的销售。

纸盒包装也有缺点，如防水性差、容易被坚硬的物体刺破等。

5.1.6　纸盒折叠方法

1. 纸和纸板

定量在 250g/m^2 以下或厚度在 0.1mm 以下的称为纸，以上的称为纸板。常见的包装纸有牛皮纸、铜版纸、食品包装纸、防潮纸、防锈纸、瓦楞纸等，还有课堂上常用的白卡纸和色卡纸等。

2. 工具

常用的纸盒折叠工具有：美工刀等裁剪工具，玻璃等切割垫板，尺、圆规等测量工具，白乳胶、双面胶等粘剂。

3. 步骤

（1）尺寸测量。

（2）绘制制作稿。

（3）裁切纸样，并在折叠线上划出压痕。

（4）按照折叠线进行折叠，并在相应的位置粘贴，纸盒制作完成。

（5）将产品放入盒内，检查尺寸大小是否合适。

（6）使用简单的方法检测纸盒尺寸。

4. 固定纸盒的方法

纸盒的固定一般采用插合、锁扣栓结等方法，也可以采用强力胶、双面胶等粘剂，增加强度。

5.1.7　盒装包装尺寸标注的类型

1. 制造尺寸

制造尺寸是指纸盒的加工制造尺寸，一般标注在结构设计展示图上，直角六面体纸盒的内尺寸用 $L \times W \times D$ 表示，如下图所示。

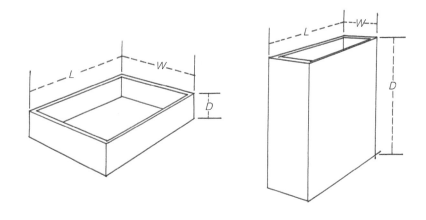

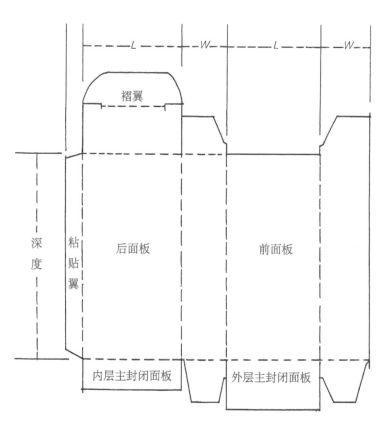

2. 内尺寸

内尺寸指纸盒成型后内部空间的尺寸，一般由包装物的数量、形状、大小或者内包装的形式、大小等来决定，是纸容器结构设计的重要依据。在盒装包装设计中，制造尺寸要根据内尺寸计算和确定，以保证成型后的盒装包装设计能够满足容积量的要求。

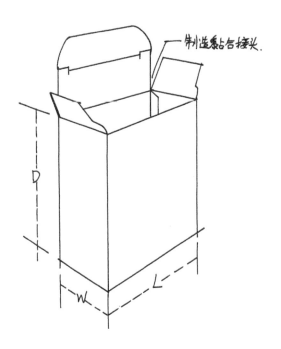

3. 外尺寸

外尺寸指纸盒成型后构成的外部最大空间尺寸，外尺寸是设计外包装、运输包装、货架等及测算运输储存、堆码的重要依据。

5.1.8 常用的基本盒型结构

1. 管式纸盒结构

管式纸盒结构是日常包装形态中最常见的一种，采用这种包装结构的纸盒包装产品有食品、药品、牙膏、胶卷等。它的特点是在成型过程中，盒盖、盒底都需要折叠组装固定或进行封口，一般是单体结构，盒型呈四边形或多边形。

下面针对管式纸盒结构进行举例。

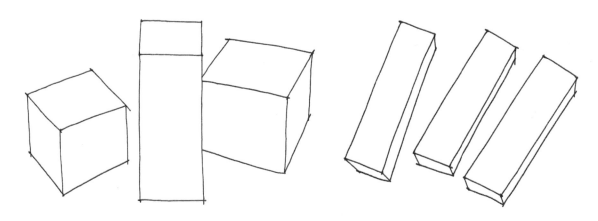

管式纸盒盒盖的结构一般有摇盖插入式、锁扣式、插锁式、摇盖双保险插入式、黏合封口式、连续摇翼窝进式、正掀封口式、一次性防伪式等。下面是各种管式纸盒盒盖结构的画法展示。

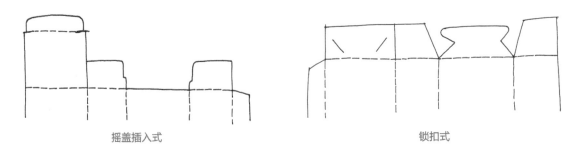

摇盖插入式　　　　　　　　　　　　　　　　锁扣式

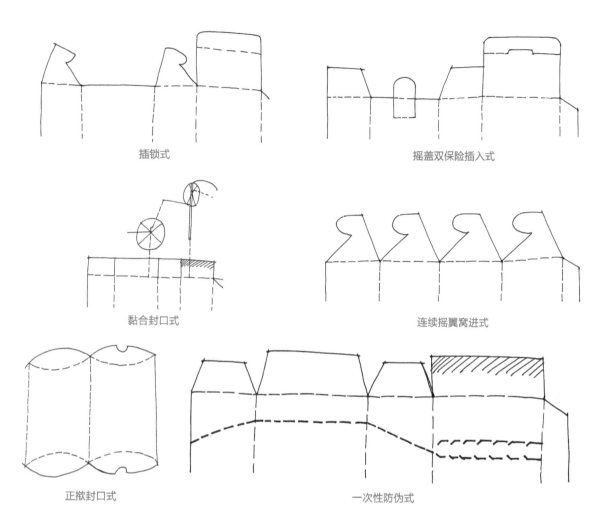

插锁式

摇盖双保险插入式

黏合封口式

连续摇翼窝进式

正撷封口式

一次性防伪式

管式纸盒盒底的结构一般有别插式锁底、自动锁底、摇盖插入式封底、间壁封底式等。下面是各种管式纸盒盒底结构的画法展示。

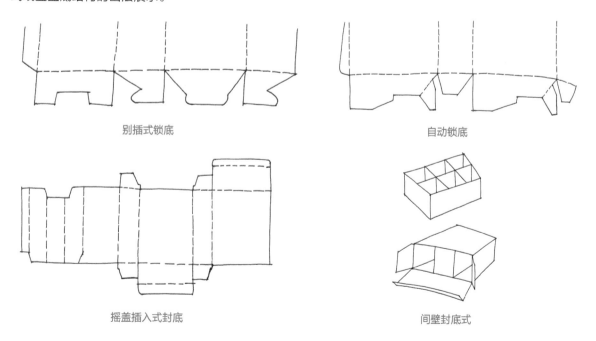

别插式锁底

自动锁底

摇盖插入式封底

间壁封底式

2. 盘式纸盒结构

盘式纸盒结构包装的特点是高度较小、开启后商品的展示面较大，被广泛应用于纺织品、服装、鞋帽、礼品、工艺品等商品的包装。

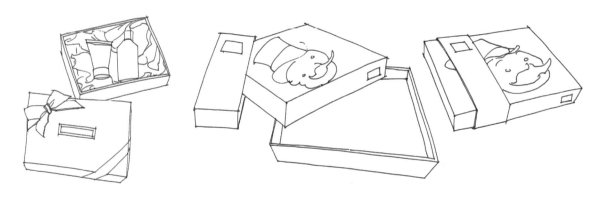

盘式纸盒结构的成型方法有锁合组装、别插组装、预粘式组装 3 种，下面讲解各种成型方法。

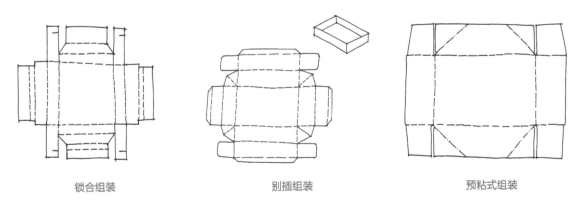

| 锁合组装 | 别插组装 | 预粘式组装 |

盘式纸盒盒盖结构有摇盖式、连续插别式、罩盖式、书本式、抽屉式，具体成型方法如下。

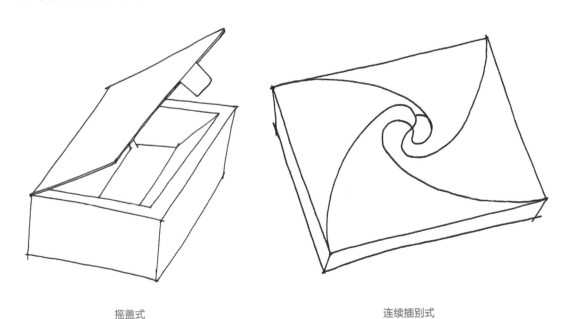

| 摇盖式 | 连续插别式 |

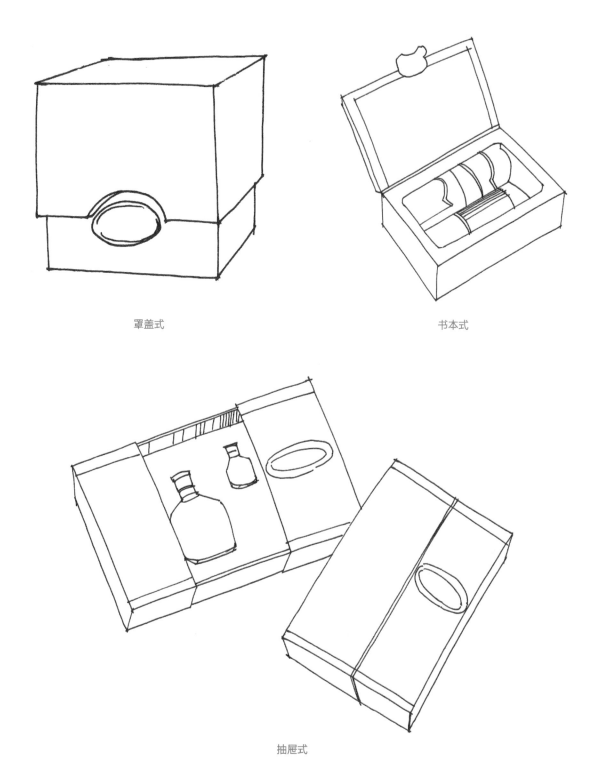

罩盖式

书本式

抽屉式

5.1.9　特殊形态纸盒结构设计

　　特殊形态的纸盒结构是在常态纸盒结构的基础上变化加工而成的，人们充分利用纸的各种特性和成型特点，创造出形态新颖、别致的纸盒包装。

　　特殊形态纸盒结构有异型变化、拟态象形、集合式、开窗式、吊挂式、易开式、倒出口式、手提式等。下面针对每一种特殊形态的纸盒结构进行举例。

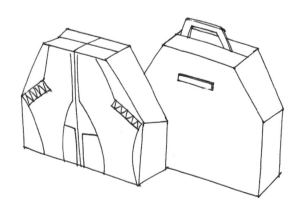

异型变化1

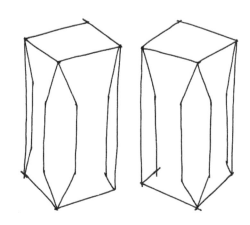

异型变化2

拟态象形

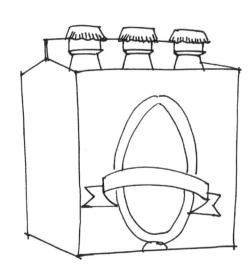

集合式

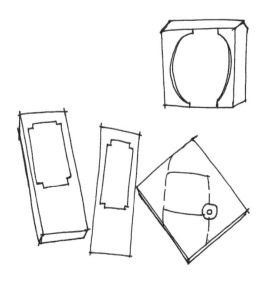

开窗式

吊挂式

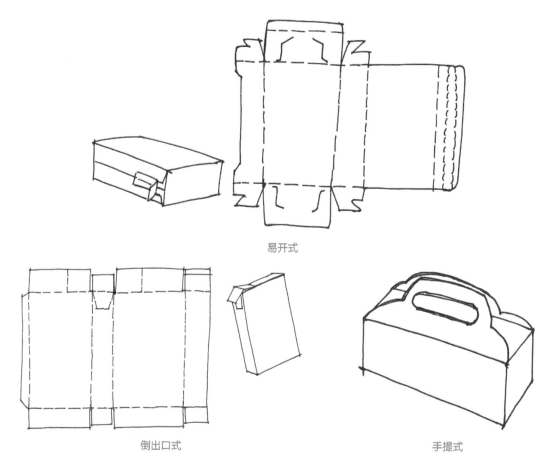

易开式

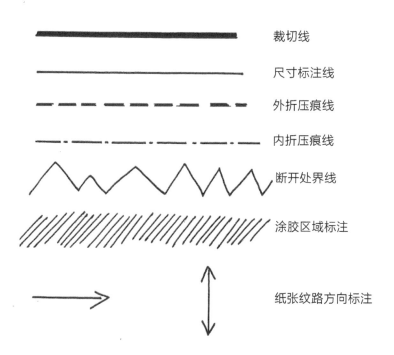

倒出口式

手提式

5.1.10 纸盒包装设计制图符号

学习了纸盒包装的基本盒型结构及特殊形态纸盒结构的设计表现之后,下面将介绍纸盒包装设计制图的常用符号。

————————— 裁切线

————————— 尺寸标注线

—— —— —— 外折压痕线

— · — · — · — 内折压痕线

∧∧∧∧∧∧ 断开处界线

///////// 涂胶区域标注

→ ↕ 纸张纹路方向标注

5.2 盒装巧克力包装快题设计

【题目要求】

自拟品牌名称，设计一套盒装巧克力包装，要求设计标志 1 个，包装 1 套（至少包含 4 个包装单体），并撰写设计说明。

【题目解析】

品牌包装设计是许多院校视觉传达专业研究生考试中的常见考题，在绘制包装效果图时，要注意画面构图的合理性，透视及比例关系要准确，图形的色调和材质等要一致。还要尽量体现当下包装设计领域的新趋势，如绿色设计、循环再利用设计等。

【设计构思】

这是一组"Dove"盒装巧克力品牌包装的设计。在包装的结构方面，拥有精美的大礼盒和便于携带的圆形小包装盒，层次清晰。包装用品牌标志、巧克力及蝴蝶结等元素进行装饰。在色彩上，采用巧克力色作为主色，给人丝滑、甜蜜的感觉，衬托产品主题并与之相呼应。在材料方面，选用纸板等纸质材料，并用丝带等布艺材料进行装饰，不仅降低了成本，而且使包装可以循环再利用，符合绿色环保设计理念。

【绘制步骤】

步骤01 用铅笔进行构图，打好底稿，区分好图形、标志的大概位置，这一步线条不要画得过重。

步骤02 从局部入手，在铅笔稿的基础上，用针管笔准确勾勒近景主体部分两个半打开包装盒的轮廓，注意把握好透视关系，内部结构要交代清楚，局部细节的刻画要到位。

步骤03 绘制远景中两个不同造型的包装盒，刻画包装盒上的纹理图案等，使画面看起来更加精细。

步骤04 绘制左上角LOGO的轮廓，然后擦除铅笔线条，保持画面的整洁。在左下角添加设计说明，使画面的内容更加完善。

设计说明：Dove巧克力包装设计的目的是保护商品不受损坏与表达文化含义，使其形成一个细化的产品类别，主要用来表达爱情的忠贞——执子之手，与子偕老。本包装设计美观大方，色彩丰富，应用相同的材质，保持画面设计风格的一致性。

设计说明：Dove巧克力包装设计的目的是保护商品不受损坏与表达文化含义，使其形成一个细化的产品类别，主要用来表达爱情的忠贞——执子之手，与子偕老。本包装设计美观大方，色彩丰富，应用相同的材质，保持画面设计风格的一致性。

步骤05 给盒装巧克力包装上色。用24号（███）马克笔、95号（███）马克笔画出产品包装的固有色，确定画面的色调。然后用21号（███）马克笔适当加重暗部，用97号（███）马克笔画出亮面颜色，并刻画局部细节。注意颜色的搭配要合理，颜色要自然过渡。

步骤06 用97号（■■■■）马克笔、95号（■■■）马克笔为标志上色，注意加强颜色的明暗对比关系，凸显体积感。用88号（■■■■）马克笔、37号（■■■）马克笔刻画包装剩余部分的颜色，用WG3号（■■■■）马克笔简单表现投影，使画面看起来更稳。

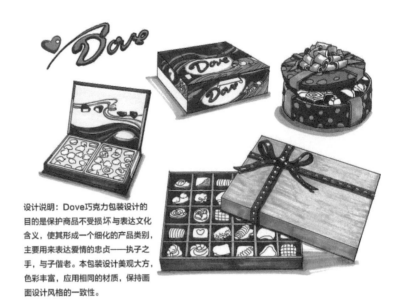

设计说明：Dove巧克力包装设计的目的是保护商品不受损坏与表达文化含义，使其形成一个细化的产品类别，主要用来表达爱情的忠贞——执子之手，与子偕老。本包装设计美观大方，色彩丰富，应用相同的材质，保持画面设计风格的一致性。

步骤07 用24号（■■■）马克笔、95号（■■■）马克笔为盒内巧克力上色。用92号（■■■）马克笔、WG5号（■■■）马克笔进一步加强画面的明暗关系。简单标注包装材质，完成绘制。

纸板

丝带

设计说明：Dove巧克力包装设计的目的是保护商品不受损坏与表达文化含义，使其形成一个细化的产品类别，主要用来表达爱情的忠贞——执子之手，与子偕老。本包装设计美观大方，色彩丰富，应用相同的材质，保持画面设计风格的一致性。

5.3 盒装牛奶包装快题设计

【题目要求】

自拟食品包装方案，设计一组牛奶包装，要求设计标志1个，包装两套（至少包含两个包装单体），并撰写设计说明。

【题目解析】

在绘制盒装牛奶效果图时，要注意策略定位准确、符合消费者心理。同时，也要注意画面构图的合理性，透视及比例关系要准确，图形的色调和材质等要一致。

【设计构思】

盒装牛奶类包装设计采用了提拉便携式与盒装式两种包装形式，在材质方面，选用了硬质纸、防潮瓦楞纸。在单体牛奶包装中，选择了PE纸板铝箔内里，具备牛奶类制品对包装的基本要求。在色彩上，采用蓝色、绿色（蓝天与草地）为主色调，有着天然、无污染、放心奶的寓意。

【绘制步骤】

步骤01 用铅笔起稿，区分好图形、标志的大概位置。这一步线条不要画得过重，注意画面的布局要合理，透视要准确。

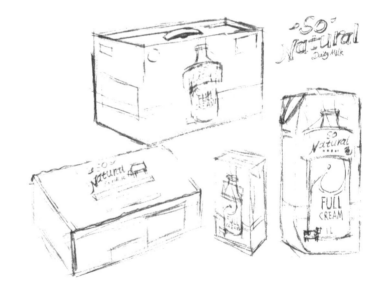

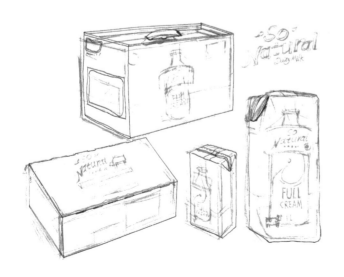

步骤02 在铅笔稿的基础上，用针管笔准确勾勒食品包装的外轮廓。注意倒角的处理。

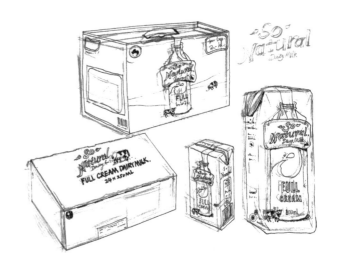

步骤03 用针管笔绘制出产品细节图,在绘制时注意文字间距、文字大小及字体之间的差别。绘制奶牛时,应注意对奶牛特征的把握,以及对牛骨骼结构的正确表现。

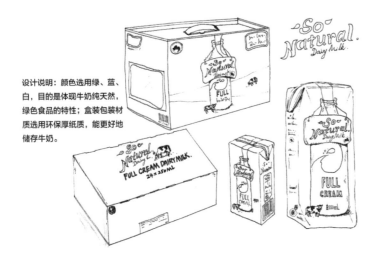

设计说明:颜色选用绿、蓝、白,目的是体现牛奶纯天然,绿色食品的特性;盒装包装材质选用环保厚纸质,能更好地储存牛奶。

步骤04 擦除铅笔线条,保持画面整洁,并在左上角添加设计说明。

步骤05 选择 59 号(　　　)马克笔、83 号(　　　)马克笔、66 号(　　　)马克笔、43 号(　　　)马克笔给牛奶包装上色。上色时,注意高光处的留白处理。

设计说明:颜色选用绿、蓝、白,目的是体现牛奶纯天然,绿色食品的特性;盒装包装材质选用环保厚纸质,能更好地储存牛奶。

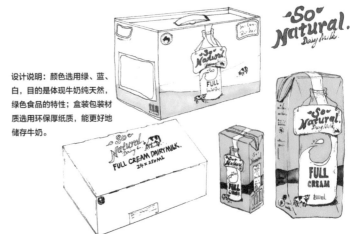

设计说明：颜色选用绿、蓝、白，目的是体现牛奶纯天然，绿色食品的特性；盒装包装材质选用环保厚纸质，能更好地储存牛奶。

步骤06 选择 24 号（　　　　）马克笔、44 号（　　　　）马克笔、35 号（　　　　）马克笔给牛奶的包装上色。

步骤07 选择24号(　　　　)马克笔、GG1 号（　　　　）马克笔给牛奶包装上色，画出品牌标志的细节。

设计说明：颜色选用绿、蓝、白，目的是体现牛奶纯天然，绿色食品的特性；盒装包装材质选用环保厚纸质，能更好地储存牛奶。

步骤08 标明包装材质，使画面的内容更加完善。

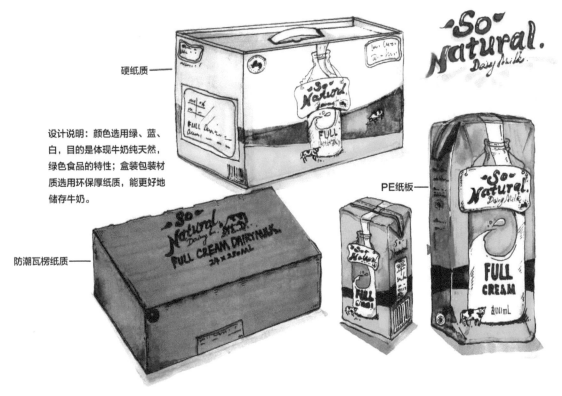

硬纸质 ——

设计说明：颜色选用绿、蓝、白，目的是体现牛奶纯天然，绿色食品的特性；盒装包装材质选用环保厚纸质，能更好地储存牛奶。

防潮瓦楞纸质 ——

PE纸板 ——

【要点提示】

①在绘制盒装牛奶包装时，首先要注意刻画盒装牛奶包装的体积感，其次注意细节的处理。牛奶盒的文字部分也要有透视关系。

②在绘制外包装纸盒时，要注意对盒子质感的把握及对阴影部分进行区分。在绘制品牌标志时，注意细节的刻画及透视关系的把握。

5.4 盒装糕点包装快题设计

【题目要求】

自拟品牌名称，设计一套盒装糕点包装，要求设计标志1个，包装1套，采用不同材质，并撰写设计说明。

【题目解析】

在绘制盒装糕点包装时，要注意画面构图的合理性、对色彩心理的把控和对容器造型样式及功能的运用。

【设计构思】

这是一套糕点类包装设计。外包装为瓦楞纸，内包装为纸质包装、铁盒包装、小纸托。外包装简洁大气、方便运输，内包装精致美观、层层设计，符合产品定位。包装用品牌标志、饼干图、皇冠和条码等元素进行装饰。

在色彩上，包装以橙色、黄色、深蓝色为主色调，这几种颜色配合具有较强的视觉冲击力。在材料上，选用瓦楞纸、纸质、铁质，可以起到很好地保护产品的作用。

【绘制步骤】

步骤01 绘制铅笔线稿，区分好图形、标志的大概位置。注意画面的布局要合理，突出主体物，画出主次结构。

步骤02 用针管笔勾勒方形盒装糕点的线稿。在绘制时，要注意包装尺寸的区分与包装用途种类的区分。在刻画细节时，应注意字体间距、字体大小、字体种类的区分。

步骤03 用针管笔勾勒圆形盒装糕点的线稿。在绘制时，应注意透视关系的准确性，以及糕点细节、密度、大小的刻画。

步骤04 在左上角绘制出品牌标志，在中间部位添加两块相交的饼干，擦除铅笔线条，保持画面的整洁。在左下角添加设计说明、包装材质，使设计图的内容更加完善。

设计说明：糕点饼干包装重点将消费群体定位在低年龄层，所以设计色彩要偏童趣；考虑到曲奇易碎，所以采用不锈钢金属包装，起到保护作用。

步骤05 选择24号（▢）马克笔、35号（▢）马克笔、70号（▢）马克笔给方形盒装糕点包装上色，在上色时，注意盒装糕点的亮面与暗面的区分。

设计说明：糕点饼干包装重点将消费群体定位在低年龄层，所以设计色彩要偏童趣；考虑到曲奇易碎，所以采用不锈钢金属包装，起到保护作用。

步骤06 选择 37 号（■■■■■）马克笔、34 号（■■■■）马克笔、70 号（■■■■■）马克笔和 GG3 号（■■■■）马克笔给圆形盒装糕点包装上色。在上色时，需注意材质的区分、明暗关系的把握，高光进行留白处理。

设计说明：糕点饼干包装重点将消费群体定位在低年龄层，所以设计色彩要偏童趣；考虑到曲奇易碎，所以采用不锈钢金属包装，起到保护作用。

步骤07 选择 24 号（■■■■）马克笔、166 号（■■■■）马克笔对盒装包装进行深入刻画，选择 CG3 号（■■■■）马克笔绘制盒装包装的阴影部分，选择 12 号（■■■■）马克笔、37 号（■■■■）马克笔对商标标志进行上色。注意纸箱、铁盒、饼干之间质感的区分，还要注意对物体厚度的刻画。

设计说明：糕点饼干包装重点将消费群体定位在低年龄层，所以设计色彩要偏童趣；考虑到曲奇易碎，所以采用不锈钢金属包装，起到保护作用。

【要点提示】

①注意把握好包装盒的透视关系，材质质感要表达到位。

②绘制盒子里的糕点时，需要注意把握好其外形特征，前后遮挡关系要准确。

③包装盒上的文字要有大小变化。

步骤08 选择 37 号（   ）马克笔刻画设计图的细节，标明材质，绘制完成。

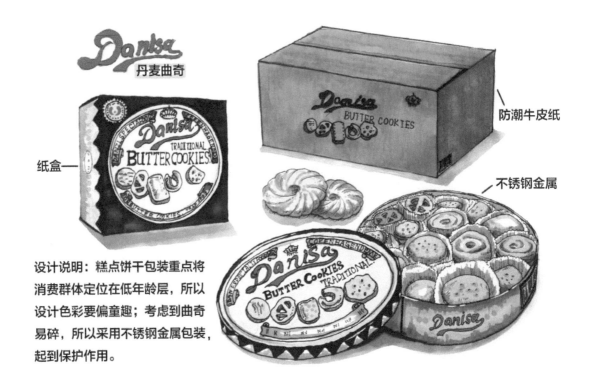

纸盒——

防潮牛皮纸

不锈钢金属

设计说明：糕点饼干包装重点将
消费群体定位在低年龄层，所以
设计色彩要偏童趣；考虑到曲奇
易碎，所以采用不锈钢金属包装，
起到保护作用。

5.5 盒装茶叶包装快题设计

【题目要求】

自拟品牌名称，设计一套盒装茶叶包装设计，要求设计标志 1 个，包装 1 套（至少包含两个包装单体），并
撰写设计说明。

【题目解析】

在绘制茶叶包装效果图时，要注意画面构图的合理性、对色彩心理的把控和对容器造型样式及功能的运用。
还有就是要尽量体现当下包装设计领域的新趋势，如绿色设计、循环再利用设计等。

【设计构思】

这是一组盒装茶叶的包装设计。本案例采用了盒装套装式结构，包装精致，操作方便。内包装为镶嵌式套装，
外包装为提拉式，便于携带。装饰主要为品牌标志、茶叶图片、枯枝图片等元素。色彩主要选用绿色、黄色和白色，
整体画面简洁大方，包装材料选用不锈钢、纸质、木质材料，能够很好地保护产品并突出产品定位。

步骤01 用铅笔进行构图，打好底稿，区分好图形、标志的大概位置，注意画面的布局要合理，透视要准确。

步骤02 用针管笔绘制出茶叶包装的部分外轮廓。在绘画时，下笔要果断，注意透视关系、盒装茶叶与罐装茶叶之间的比例与构图关系。

步骤03 用针管笔绘制出剩余茶叶盒包装的外轮廓。

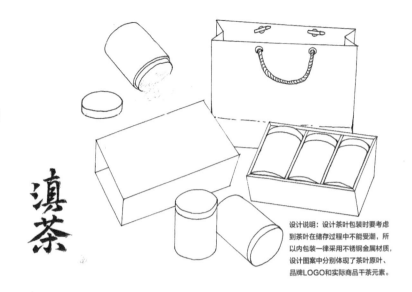

步骤04 在右下角标注设计说明。擦除铅笔线条，保持画面的整洁。

滇茶

设计说明：设计茶叶包装时要考虑到茶叶在储存过程中不能受潮，所以内包装一律采用不锈钢金属材质，设计图案中分别体现了茶叶原叶、品牌LOGO和实际商品干茶元素。

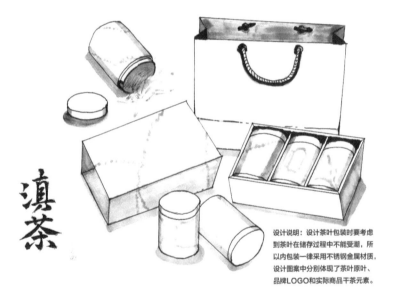

滇茶

设计说明：设计茶叶包装时要考虑到茶叶在储存过程中不能受潮，所以内包装一律采用不锈钢金属材质，设计图案中分别体现了茶叶原叶、品牌LOGO和实际商品干茶元素。

步骤05 选择 CG3 号（▢）马克笔、WG4 号（▢）马克笔对茶叶盒进行上色，绘制时需刻画其明暗关系，注意阴影要随物体形态而变化。

步骤06 选择 59 号（▢）马克笔、37 号（▢）马克笔、121 号（▢）马克笔、54 号（▢）马克笔对盒装茶叶包装进行上色。

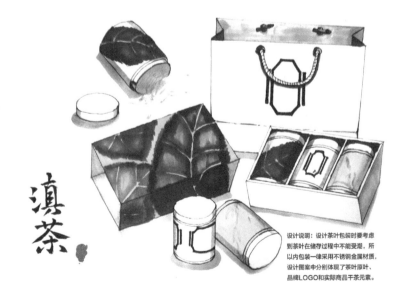

滇茶

设计说明：设计茶叶包装时要考虑到茶叶在储存过程中不能受潮，所以内包装一律采用不锈钢金属材质，设计图案中分别体现了茶叶原叶、品牌LOGO和实际商品干茶元素。

步骤07 选择 WG6 号（███）马克笔、103 号（███）马克笔、36 号（███）马克笔给盒装茶叶包装上色，选择白色高光笔对高光处进行处理，在绘制时，注意对纸质、不锈钢与木质等材料的区分和对光影的处理。

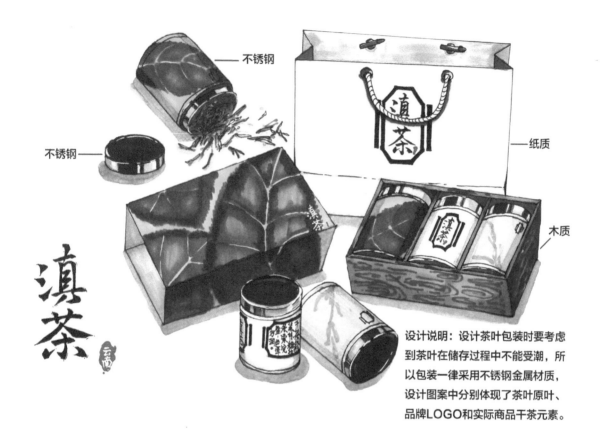

设计说明：设计茶叶包装时要考虑到茶叶在储存过程中不能受潮，所以包装一律采用不锈钢金属材质，设计图案中分别体现了茶叶原叶、品牌LOGO和实际商品干茶元素。

5.6 盒装月饼包装快题设计

【题目要求】

　　自拟盒装包装方案，设计一组月饼包装设计，要求设计标志1个，包装两套（至少包含1个包装单体），并撰写设计说明。

【题目解析】

　　在绘制盒装月饼效果图时，要注意策略定位准确、符合消费者心理，同时要注意画面构图的合理性，透视与比例关系要准确，图形的色调和材质要一致。

【设计构思】

　　这是一组传统风格的盒装月饼包装，采用了镶嵌式及抽拉式两种包装结构，使用品牌标志、插画等元素进行装饰。采用红色和黄色为主色系，突出节日的喜庆；花纹部分采用传统纹饰，精美细致；选择纸质材料，符合传承传统的主题。

步骤01 用铅笔进行构图，打好底稿，区分好图形、标志的大概位置。线条不要画得过重，注意画面的整体布局要合理，透视要准确。

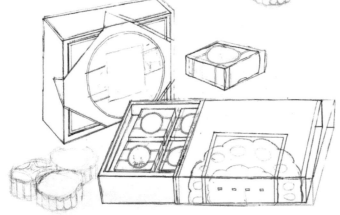

步骤02 用针管笔勾勒盒装月饼包装的外轮廓，注意包装的透视关系、品牌的定位，以及整体协调性。

步骤03 用针管笔绘制盒装月饼包装的细节。在绘制时，需注意字体的设计与花纹之间的协调性，注意细节部分的处理。

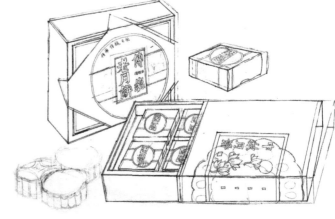

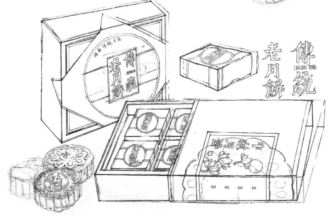

步骤04 用针管笔绘制月饼细节，并在右上角绘制出品牌图标。

设计说明：这组为"月饼盒装"产品包装设计，运用了中国古典元素来衬托中秋节的传统节日气氛，包装中考虑到月饼自身易碎，不易储存，以及佳节赠礼等因素，所以在包装上以中国风为主要路线，以纸盒为主要包装材料。

纸质

步骤05 用橡皮擦除铅笔线条，保持画面的整洁。在右上角的空白处添加设计说明，标明包装材质。

设计说明：这组为"月饼盒装"产品包装设计，运用了中国古典元素来衬托中秋节的传统节日气氛，包装中考虑到月饼自身易碎，不易储存，以及佳节赠礼等因素，所以在包装上以中国风为主要路线，以纸盒为主要包装材料。

纸质

步骤06 选择8号（ ）马克笔、94号（ ）马克笔、37号（ ）马克笔对盒装月饼进行上色。选择GG3号（ ）马克笔对整体画面进行阴影处理，在绘制阴影时，应注意阴影的变化。

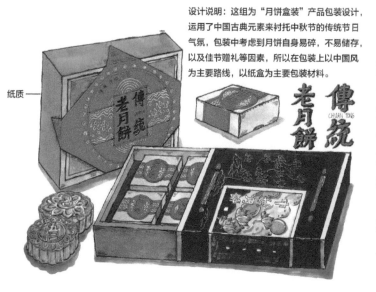

设计说明：这组为"月饼盒装"产品包装设计，运用了中国古典元素来衬托中秋节的传统节日气氛，包装中考虑到月饼自身易碎，不易储存，以及佳节赠礼等因素，所以在包装上以中国风为主要路线，以纸盒为主要包装材料。

纸质

步骤07 选择24号（ ）马克笔、18号（ ）马克笔、37号（ ）马克笔、CG3号（ ）马克笔、WG6号（ ）马克笔、146号（ ）马克笔对盒装月饼包装进行细节刻画，刻画时要层次分明，注意细节。选择34号（ ）马克笔对月饼进行上色，选择37号（ ）马克笔对月饼高光处进行上色。

步骤08 选择白色高光笔勾勒盒装月饼包装的花纹部分及月饼高光部分。在画花纹时，需注意花纹元素与盒装月饼整体包装的关联性，以及疏密关系的对比。

步骤09 用黑色针管笔对月饼阴影处进行细节刻画，注意刻画时选用短线条平行刻画。选择白色高光笔对月饼高光处进行处理，选择 14 号（███）马克笔对月饼进行细节刻画。

步骤10 选择 GG3 号（███）马克笔、白色高光笔、黑色针管笔对整体画面进行深入刻画和调整，绘制完成。

设计说明：这组为"月饼盒装"产品包装设计，运用了中国古典元素来衬托中秋节的传统节日气氛，包装中考虑到月饼自身易碎，不易储存，以及佳节赠礼等因素，所以在包装上以中国风为主要路线，以纸盒为主要包装材料。

纸质——

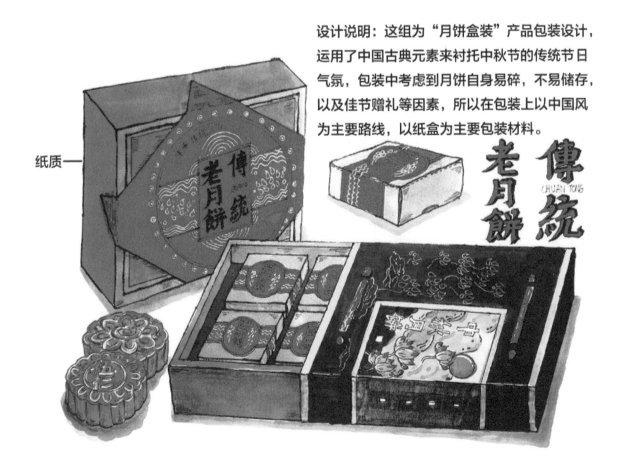

5.7 盒装药品包装快题设计

【题目要求】

自拟品牌名称，设计一套盒装药品包装，要求设计标志1个，包装1套（至少包含3个包装单体），并撰写设计说明。

【题目解析】

在绘制盒类药品包装时，要注意画面构图的合理性、元素的编排及运用，要遵循包装色彩的设计原则。

【设计构思】

这是一套盒装药品包装设计。在包装结构方面，采用了盒装、袋装、瓶装的包装结构，满足人们对药品包装的不同需求。包装主要采用药粒、品牌标志元素进行装饰，简单明确，主题鲜明。在色彩方面，采用明亮的黄色、白色和蓝色，大块面的色彩与简单构图能很好地体现药品类包装的严谨性。

【绘制步骤】

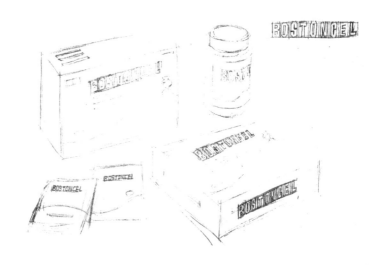

步骤01 用铅笔进行构图，打好底稿，区分好图形结构、标志的大概位置。

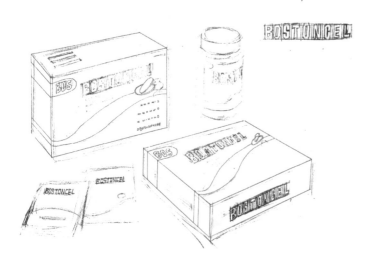

步骤02 在铅笔稿的基础上，用针管笔绘制出盒装药品的轮廓。

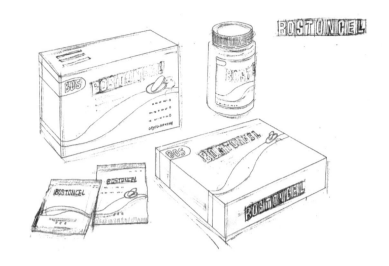

步骤03 用针管笔绘制出瓶装与袋装药品包装的轮廓，注意对透视关系的把握。

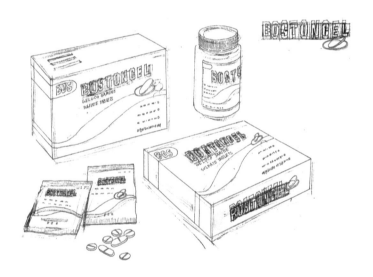

步骤04 用针管笔绘制出药品包装的标志，在绘制时注意字体的大小、疏密关系与变化。在左下角增加一些散落的药粒，增加画面的层次感与完整性。

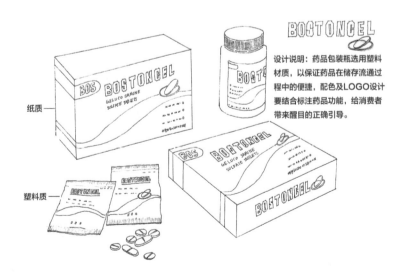

步骤05 用橡皮擦除铅笔线条，保持画面的整洁。在右上角添加设计说明并标明包装材质。

纸质

塑料质

设计说明：药品包装瓶选用塑料材质，以保证药品在储存流通过程中的便捷，配色及LOGO设计要结合标注药品功能，给消费者带来醒目的正确引导。

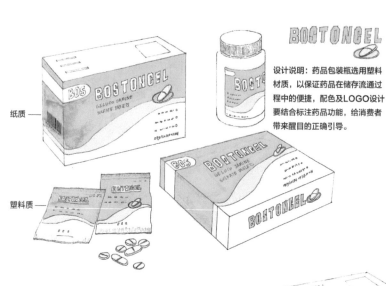

设计说明：药品包装瓶选用塑料材质，以保证药品在储存流通过程中的便捷，配色及LOGO设计要结合标注药品功能，给消费者带来醒目的正确引导。

步骤06 选择38号( )马克笔、134号( )马克笔、66号( )马克笔对药品整体包装进行上色。

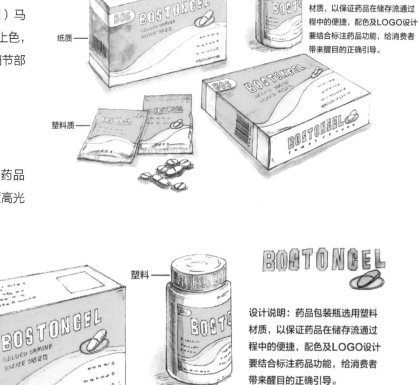

设计说明：药品包装瓶选用塑料材质，以保证药品在储存流通过程中的便捷，配色及LOGO设计要结合标注药品功能，给消费者带来醒目的正确引导。

纸质

塑料质

步骤07 选择 BG3 号( )马克笔对药品包装阴影部分进行上色，选择黑色针管笔对药品包装细节部分进行刻画。

步骤08 选择白色高光笔刻画药品包装高光处，注意按不同材质高光特点区分绘画方式。

塑料

BOSTONGEL

设计说明：药品包装瓶选用塑料材质，以保证药品在储存流通过程中的便捷，配色及LOGO设计要结合标注药品功能，给消费者带来醒目的正确引导。

纸质

塑料质

八宝粥 **黑米**

设计说明：罐装八宝粥作为一款便利食品，在包装设计时要考虑到其便携性。传统罐装可以大大增加其保质期，而纸盒或碗装包装的保质期只有其四分之一，所以设计中使用了铝等材质进行罐装。

百花蜜

设计说明：蜂蜜是一种营养丰富的天然滋补品。蜂蜜宜存放在低温避光处。由于蜂蜜是属于弱酸性的液体，能与金属起化学反应，因此在该设计中采用的盛装材质为塑料；考虑到蜂蜜作为礼品的通性，所以外包装采用纸盒尼龙绳装饰陪衬，体现其天然特点。

瓶装蜂蜜外包装盒

第**6**章

瓶罐装包装设计案例解析

| 本　章　要　点 |

本章主要包括罐装包装设计概述、罐装包装快题设计及瓶装包装快题设计等内容。

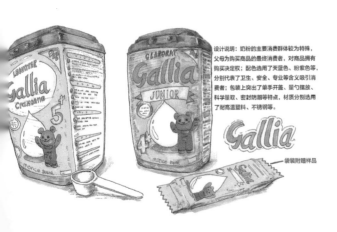

设计说明：奶粉的主要消费群体较为特殊，父母为购买商品的最终消费者，对商品拥有购买决定权；配色选用了天蓝色、粉紫色等，分别代表了卫生、安全、专业等含义吸引消费者；包装上突出了单手开盖、量勺摆放、科学取取、密封防潮等特点，材质分别选用了耐高温塑料、不锈钢等。

袋装附赠样品

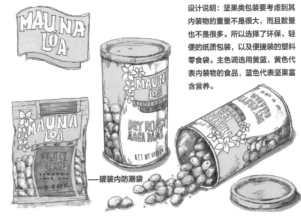

设计说明：坚果类包装要考虑到其内装物的重量不是很大，而且数量也不是很多。所以选择了环保、轻便的纸质包装，以及便捷装的塑料零食袋。主色调选用黄蓝，黄色代表内装物的食品，蓝色代表坚果富含营养。

罐装内防潮袋

6.1 罐装包装设计概述

为了使罐装食品能够在容器里保存较长的时间，保持一定的色、香、味和营养价值，同时又适应工业化生产，罐装容器需满足以下要求。

1. 对人体无毒害

罐装食品可能含有糖、蛋白质、脂肪、有机酸、食盐等成分，会与罐装容器直接接触，又需要经较长时间的储存，故罐装容器不应与食品起化学反应，不应危害人体健康，不应给食品带来污染，不应影响食品风味。

2. 具有良好的密封性能

罐装容器必须具有非常良好的密封性能，使食品与外界隔绝，防止外界微生物的污染，这样才能确保食品得以长期储存。

3. 具有良好的耐腐蚀性能

在罐装食品工业生产过程中，有些物质会产生一些化学反应，释放出具有一定腐蚀性的物质；罐装食品在长期储存过程中，其内容物与容器接触也会产生化学反应，使罐装容器出现腐蚀的情况。因此，罐装食品容器必须具备良好的耐腐蚀性能。

4. 适合工业化的生产

随着罐头工业的不断发展，罐装容器的需求与日俱增，故罐装容器要能适应工厂机械化和自动化生产，并保证质量稳定。在生产过程中，能够承受各种机械加工，所用材料资源丰富，成本低廉。

6.1.1 罐装包装尺寸要求

罐的种类繁复，有如下分类方法。

（1）按外形分，有常规瓶罐、带柄瓶罐和管形瓶罐等。

（2）按底部形状分，有圆形、椭圆形、正方形、长方形、扁平形等瓶罐，以圆形瓶罐居多。

（3）按瓶口尺度分，有广口、小口、喷洒口等瓶罐。瓶口内径大于30mm、无肩或少肩的称为广口瓶，常用于盛装半流体、粉状或块状固体物品；内径小于30mm的称为小口瓶，常用于盛装各种流体物品。

（4）按瓶口与瓶盖结合的方式分，有接连螺纹瓶口、软木塞瓶口、倾泻用瓶口、冠形盖瓶口、滚压盖瓶口、塑料盖件瓶口、喷洒用瓶口、压上 - 拧开瓶口、侧封 - 撬开瓶口、玻璃塞磨砂瓶口、带柄瓶口及管形瓶口等瓶罐。瓶口的尺度和工艺均应标准化。

（5）按瓶罐运用需求分，有一次性瓶罐和回收瓶罐。一次性瓶罐运用一次即抛弃；回收瓶罐可屡次收回，周转运用。

（6）按成型办法分，有模制瓶和操控瓶。模制瓶由玻璃液直接在模具中成型制得，操控瓶是先将玻璃液拉成玻璃管，然后再加工成型。

（7）按瓶罐色彩分，有无色、有色和乳浊色瓶罐。玻璃瓶罐大多数是明澈无色的，可使内容物呈现正常的形象。其他也有绿色的和棕色的玻璃瓶罐，绿色的通常盛装饮料，棕色的用于盛装药品或啤酒。它们能够吸收紫外线，有利于维护内容物。少量化妆品、雪花膏和药膏等物品则用乳浊色玻璃瓶罐盛装。

6.1.2 罐装包装设计方法

1. 与客户沟通

接到包装设计任务后，不能盲目地开始设计，首先应与客户进行充分的沟通以了解其详细需求。

（1）了解产品本身的特性。例如，产品的重量、体积、防潮性及使用方法等。各种产品有各自的特点，要针对产品的特性来选择使用的材料与设计方法。

（2）了解产品的使用者。消费者有不同的年龄层次、文化层次、经济状况，导致他们对商品的认购存在差异，那么产品就得有一定的针对性，了解到这些，才能准确地对包装设计进行定位。

（3）了解产品的销售方式。产品只有通过销售才能成为真正意义上的商品，一般情况下，商品在商场或超市的货架上销售，也有其他销售形式等。不同销售方式下的商品在包装形式上就应该有区别。

（4）了解产品的经费。经费直接影响着包装设计的成本预算，因此需要了解产品的售价及包装和广告费用等。客户最喜欢你把成本降到最低。

（5）了解产品的背景。首先应了解客户对包装设计的要求，其次要掌握企业识别的有关规定，再次应明确产品是新产品还是换代产品，以及该公司有无同类产品的包装等。

2. 市场调研

市场调研是设计之前必须进行的一个重要环节，设计师只有通过市场调研才能从总体上把握产品，合理地制定包装设计方案。调研包括：首先，了解产品的市场需求，设计者应该从市场需求出发挖掘目标消费群，从而制定产品的包装策略；其次，了解包装市场现状，即根据目前包装市场现况及发展趋势加以评估，设计出最受欢迎的包装形式；另外，有必要了解同类产品的包装，了解同类产品的竞争形势。总之，要从各个角度去分析调查，以设计出最合理的包装作品。

通过以上的信息收集与分析之后，拟定出合理的包装设计计划书及工作进度表。

6.1.3 罐装包装的类型

按照容器材料的性质进行分类，目前生产上常用的罐装容器大致可分为金属罐和非金属罐两大类。金属罐中目前使用最多的是镀锡铁罐和添加涂料的镀锡铁罐——涂料罐，此外，还有铝罐和镀铬铁罐。非金属罐有玻璃罐、塑料罐、纸质复合材料罐、铝箔蒸煮罐等。

根据罐装食品分类标准，按原料可分成肉类、禽类、水产类、水果类、蔬菜类、其他类食品罐装包装。

6.2　罐装包装快题设计

接下来将针对罐装八宝粥包装设计、罐装奶粉包装设计、罐装坚果包装设计的快题表现进行讲解。

6.2.1　罐装八宝粥包装设计

【题目要求】

自拟罐装八宝粥包装方案，设计一组八宝粥包装，要求设计标志1个，包装1套（至少包含3个包装单体），并撰写设计说明。

【题目解析】

在绘制罐装八宝粥包装效果图时，要注意结构与比例合理，策略定位准确且符合消费者心理，透视关系准确，图形的色调和材质等方面要一致。在纹理上，可以运用一些实物图案，增加可信度。

【设计构思】

罐装八宝粥包装主要采用易拉罐式和碗式两种包装形式，在材质方面采用不锈钢与塑料两种材料，便于携带、方便食用。封面包装上采用了植物元素、商标标志、实拍碗装八宝粥等作为装饰，能够很好地表现八宝粥的用料。在用色方面，主要采用红色、黄色、黑色，整体色调用色鲜艳，起到吸引消费者眼球、刺激消费的作用。

步骤01 用铅笔打底稿，区分好图形、标志的大概位置。注意画面的布局要合理，透视要准确。

步骤02 在铅笔稿的基础上，用针管笔准确绘制出罐装八宝粥包装的外轮廓。

步骤03 用针管笔绘制出罐装八宝粥包装的细节图。在绘制时，需注意构图比例、产品定位和透视关系，同时对碗装与罐装八宝粥的包装材质进行区分。

設計説明: 罐装八宝粥作为一款便利食品, 在包装设计时要考虑到其便携性。传统罐装可以大大增加其保质期, 而纸盒或碗装包装的保质期只有其四分之一, 所以设计中使用了铝等材质进行罐装。

步骤04 用针管笔在右上角勾勒出八宝粥的品牌标志。擦除铅笔线条, 在产品的左下角添加设计说明。

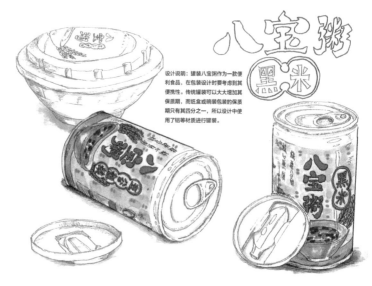

设计说明: 罐装八宝粥作为一款便利食品, 在包装设计时要考虑到其便携性。传统罐装可以大大增加其保质期, 而纸盒或碗装包装的保质期只有其四分之一, 所以设计中使用了铝等材质进行罐装。

步骤05 选择 CG2 号（ ▨ ）马克笔对八宝粥包装阴影部分进行绘制, 在绘制时, 需注意阴影形状的变化。

设计说明: 罐装八宝粥作为一款便利食品, 在包装设计时要考虑到其便携性。传统罐装可以大大增加其保质期, 而纸盒或碗装包装的保质期只有其四分之一, 所以设计中使用了铝等材质进行罐装。

步骤06 选择 11 号（ ▨ ）马克笔、34 号（ ▨ ）马克笔、WG3 号（ ▨ ）马克笔、9 号（ ▨ ）马克笔、132 号（ ▨ ）马克笔给罐装八宝粥包装上色。在上色时, 注意细节部分的刻画和对明暗关系的把控。

步骤07 选择 11 号（ ▨ ）马克笔、99 号（ ▨ ）马克笔对碗装八宝粥包装与商标标志进行上色，上色时注意对光的把握。

步骤08 选择 11 号（ ▨ ）马克笔、34 号（ ▨ ）马克笔、WG3 号（ ▨ ）马克笔、9 号（ ▨ ）马克笔、132 号（ ▨ ）马克笔刻画碗装八宝粥包装的细节，选择 BG3 号（ ▨ ）马克笔给罐装八宝粥包装的铝材质部分上色。

步骤09 选择 35 号（ ▨ ）马克笔、34 号（ ▨ ）马克笔给罐装八宝粥瓶盖上色，选择白色高光笔对高光处进行细化。

设计说明：罐装八宝粥作为一款便利食品，在包装设计时要考虑到其便携性。传统罐装可以大大增加其保质期，而纸盒或碗装包装的保质期只有其四分之一，所以设计中使用了铝等材质进行罐装。

①在绘制罐装八宝粥时需注意把握盖子的凹凸结构，以及整体画面的透视关系。密封处是铝材质，因此在绘制时需加强明暗对比，以突出铝材质的特点。

②在绘制碗装八宝粥包装时，需注意透视关系的把握与包装凹凸处的立体刻画。

6.2.2　罐装奶粉包装设计

【题目要求】

自拟包装方案，设计一组罐装奶粉包装，要求设计标志1个，包装两套（至少包含1个包装单体），并撰写设计说明。

【题目解析】

在绘制罐装奶粉效果图时，要注意策略定位准确且符合消费者心理，同时要注意画面构图的合理性，透视及比例关系要准确，图形的色调和材质等方面要做到一致。

【设计构思】

奶粉的主要消费群体为父母，他们对商品的购买具有决定权。在颜色上，奶粉包装选取了天蓝色、粉紫色，分别代表了卫生、安全、专业，以吸引消费者；在材料上，分别选取了耐高温塑料、不锈钢等材质，起到保护产品的作用；在包装装潢上，采用了卡通图案、商标标志等纹样，可以体现单手开盖、量勺摆放、科学量取、密封防潮等理念。

【绘制步骤】

步骤01 用铅笔起线稿，注意产品的构图，合理安排画面，区分好图形、标志的大概位置，区分好两个罐装奶粉的角度及透视关系。

步骤02 在铅笔稿的基础上，用针管笔绘制奶粉包装的轮廓，注意线条的连贯性与流畅性。

步骤03 用针管笔对奶粉包装细节部分进行刻画。在刻画时，注意对疏密关系与构图的掌控。

步骤04 擦除铅笔线条，保持画面的整洁，并在右上角添加设计说明，使画面的内容更加完善。

设计说明：奶粉的主要消费群体较为特殊，父母为购买商品的最终消费者，对商品拥有购买决定权；配色选用了天蓝色、粉紫色等，分别代表了卫生、安全、专业等含义吸引消费者；包装上突出了单手开盖、量勺摆放、科学量取、密封防潮等特点，材质分别选用了耐高温塑料、不锈钢等。

步骤05 选择 CG2 号（ ▨ ）马克笔对奶粉包装阴影处进行上色，注意自然过渡。

设计说明：奶粉的主要消费群体较为特殊，父母为购买商品的最终消费者，对商品拥有购买决定权；配色选用了天蓝色、粉紫色等，分别代表了卫生、安全、专业等含义吸引消费者；包装上突出了单手开盖、量勺摆放、科学量取、密封防潮等特点，材质分别选用了耐高温塑料、不锈钢等。

步骤06 选择 77 号（▩▩▩）马克笔、37 号（▩▩▩）马克笔、35 号（▩▩▩）马克笔、63 号（▩▩▩）马克笔、18 号（▩▩▩）马克笔、21 号（▩▩▩）马克笔给右侧的罐装奶粉包装上色。

步骤07 选择 68 号（▩▩▩）马克笔、37 号（▩▩▩）马克笔、35 号（▩▩▩）马克笔、63 号（▩▩▩）马克笔、18 号（▩▩▩）马克笔、21 号（▩▩▩）马克笔给另一个罐装奶粉包装上色。选择 166 号（▩▩▩）马克笔给勺子上色，上色要均匀，立体结构要明显。

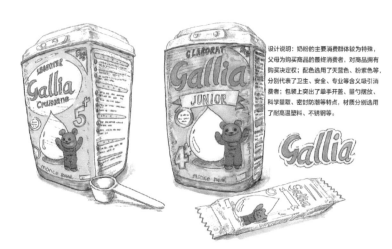

设计说明：奶粉的主要消费群体较为特殊，父母为购买商品的最终消费者，对商品拥有购买决定权；配色选用了天蓝色、粉紫色等，分别代表了卫生、安全、专业等含义吸引消费者；包装上突出了单手开盖、量勺摆放、科学量取、密封防潮等特点，材质分别选用了耐高温塑料、不锈钢等。

步骤08 选择 62 号（▩▩▩）马克笔给罐装奶粉的盖子上色，注意高光处留白。选择 68 号（▩▩▩）马克笔、37 号（▩▩▩）马克笔给袋装奶粉上色。选择 45 号（▩▩▩）马克笔、63 号（▩▩▩）马克笔给商标标志上色。

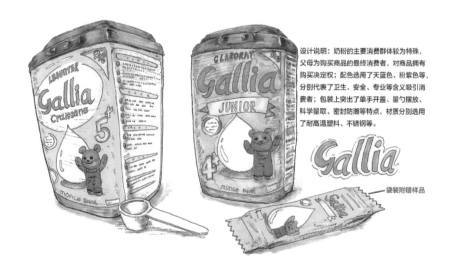

设计说明：奶粉的主要消费群体较为特殊，父母为购买商品的最终消费者，对商品拥有购买决定权；配色选用了天蓝色、粉紫色等，分别代表了卫生、安全、专业等含义吸引消费者；包装上突出了单手开盖、量勺摆放、科学量取、密封防潮等特点，材质分别选用了耐高温塑料、不锈钢等。

袋装附赠样品

6.2.3 罐装坚果包装设计

【题目要求】

自拟罐装坚果包装方案,设计一组罐装坚果包装,要求设计标志1个,包装1组(至少包含两个包装单体),并撰写设计说明。

【题目解析】

在绘制罐装坚果包装设计效果图时,要注意内装物的体积及重量,策略定位要准确且符合消费者心理,同时要注意画面构图的合理性,透视及比例关系要准确,图形的色调和材质等方面要做到一致。

【设计构思】

罐装坚果类包装设计采用了罐装与袋装两种包装形式,罐装能很好地保护食物,使之不易损坏,袋装具有易于携带、食用方便等特点。本包装方案在材质方面选择了纸质与塑料,具有环保轻便、便捷等特点;在用色上选择了黄色和蓝色,黄色代表食物本身,蓝色代表天然、无污染;在包装装潢上采用了坚果、品牌标志、花朵等元素,很好地体现了天然、健康的产品理念。

【绘制步骤】

步骤01 用铅笔进行构图,在构图时对两个罐装坚果进行区分,标出商品标志的大概位置。

步骤02 在铅笔稿的基础上,用针管笔准确绘制出袋装坚果的基本线稿,注意抓住袋装包装的材质特点。

步骤03 用针管笔绘制出其中一个罐装坚果包装的线稿，绘制时注意细节的刻画，表现坚果图文的叠加关系，用短线画出包装质感。

步骤04 用针管笔绘制出另一个罐装坚果包装与坚果的线稿，用短线表现阴影关系。在绘制时，需注意散落坚果的疏密关系、比例关系及叠压关系，画出坚果的质感。

步骤05 用针管笔绘制出商标部分与文字部分，文字部分的小字可以适当简化，注意字体与字体之间的区分。

步骤06 擦除铅笔线条，保持画面整洁，并在右上角添加设计说明，使画面的内容更加完整。

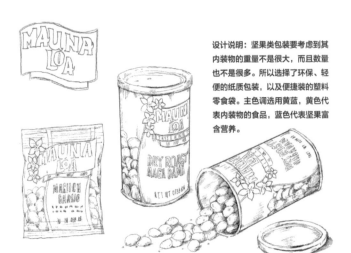

设计说明：坚果类包装要考虑到其内装物的重量不是很大，而且数量也不是很多。所以选择了环保、轻便的纸质包装，以及便捷装的塑料零食袋。主色调选用黄蓝，黄色代表内装物的食品，蓝色代表坚果富含营养。

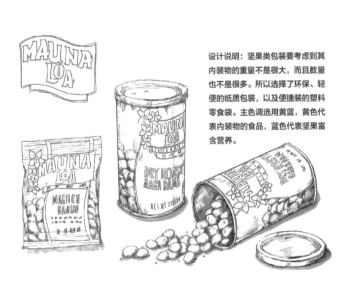

设计说明：坚果类包装要考虑到其内装物的重量不是很大，而且数量也不是很多。所以选择了环保、轻便的纸质包装，以及便捷装的塑料零食袋。主色调选用黄蓝，黄色代表内装物的食品，蓝色代表坚果富含营养。

步骤07 选择 GG3 号（　　　）马克笔给包装整体的阴影处上色，上色时注意阴影的形状及细节处理，增加体积感。选择 75 号（　　　）马克笔刻画品牌标志的细节。

步骤08 选择 67 号（　　　）马克笔对罐装、袋装坚果类包装进行大面积上色。选择 68 号（　　　）马克笔给袋装包装部分上色。

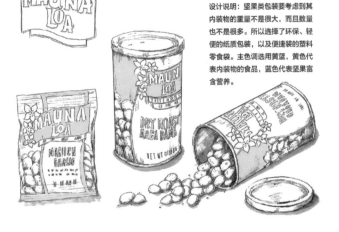

设计说明：坚果类包装要考虑到其内装物的重量不是很大，而且数量也不是很多。所以选择了环保、轻便的纸质包装，以及便捷装的塑料零食袋。主色调选用黄蓝，黄色代表内装物的食品，蓝色代表坚果富含营养。

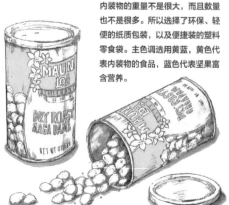

设计说明：坚果类包装要考虑到其内装物的重量不是很大，而且数量也不是很多。所以选择了环保、轻便的纸质包装，以及便捷装的塑料零食袋。主色调选用黄蓝，黄色代表内装物的食品，蓝色代表坚果富含营养。

步骤09 选择46号（■■■■）马克笔、132 号（■■■■）马克笔、68 号（■■■■）马克笔对坚果类包装进行上色。

步骤10 选择67号（■■■■）马克笔、24 号（■■■■）马克笔刻画坚果类包装细节。

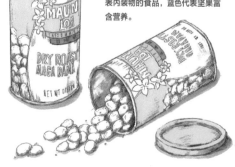

设计说明：坚果类包装要考虑到其内装物的重量不是很大，而且数量也不是很多。所以选择了环保、轻便的纸质包装，以及便捷装的塑料零食袋。主色调选用黄蓝，黄色代表内装物的食品，蓝色代表坚果富含营养。

步骤11 选择 35 号（■■■■）马克笔给坚果上固有色，注意高光处的留白处理。选择 24 号（■■■■）马克笔刻画坚果细节。

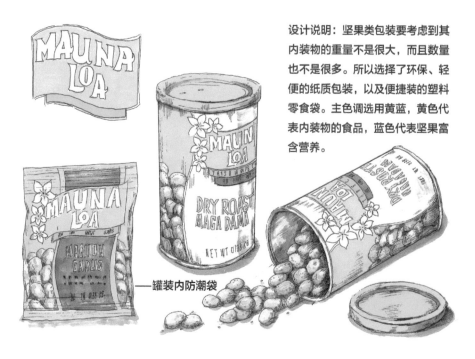

设计说明：坚果类包装要考虑到其内装物的重量不是很大，而且数量也不是很多。所以选择了环保、轻便的纸质包装，以及便捷装的塑料零食袋。主色调选用黄蓝，黄色代表内装物的食品，蓝色代表坚果富含营养。

—罐装内防潮袋

①在绘制罐装坚果包装的瓶盖处时，应保证盖子与罐子自然贴合。在罐子背光面适当添加一些线条，可有效增加罐子的质感。

②因为坚果是食品，所以在绘制时要选用鲜艳、明亮的颜色，选择2~3种同一系列的颜色可增加食物的层次，同时应注意细节的刻画与散落坚果的构图设计。

6.3 瓶装包装快题设计

接下来以瓶装蜂蜜包装设计为例，对瓶装包装快题设计进行讲解。

【题目要求】

自拟瓶装蜂蜜包装方案，设计一组瓶装包装，要求设计标志1个，包装1套（至少包含3个包装单体），并撰写设计说明。

【题目解析】

在绘制瓶装蜂蜜包装效果图时，要注意产品特性，策略定位应准确且符合消费者心理，同时要注意画面构图的合理性，色彩搭配应合理，透视及比例关系要准确，图形在色调和材质等方面要做到一致。

【设计构思】

瓶装蜂蜜包装设计采用了瓶装和提拉式盒装的包装形式，根据蜂蜜属于弱酸性液体的特质，在包装材料上选择塑料材质，礼盒选择纸质材料，在提拉处则选择尼龙绳，表现蜂蜜天然的特点。

本包装方案在用色方面选择醒目的橙色和黄色为主色调，在纹样方面选择层层叠叠的山、云及商标为主要元素，突显产品天然的特点。

【绘制步骤】

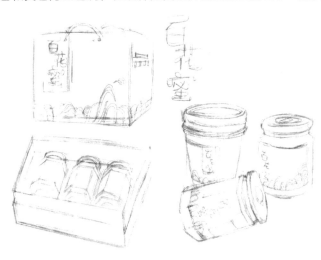

步骤01 用铅笔进行构图，打好底稿，区分好单体不同瓶身的特点，注意画面的布局要合理，透视要准确。

步骤02 在铅笔稿的基础上，用针管笔绘制出蜂蜜包装的轮廓，注意对结构的把握和对材质的区分。

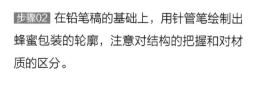

步骤03 用针管笔绘制出盒装蜂蜜的细节图，注意线条要流畅，把握好前后关系与透视关系。

步骤04 用针管笔绘制出蜂蜜包装的细节图，在中间部分勾勒出商标。

设计说明：蜂蜜是一种营养丰富的天然滋补品。蜂蜜宜存放在低温避光处，由于蜂蜜是属于弱酸性的液体，能与金属起化学反应，因此在该设计中采用的盛装材质为塑料；考虑到蜂蜜作为礼品的通性，所以外包装采用纸盒，尼龙绳装饰陪衬，体现其天然特点。

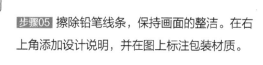

瓶装蜂蜜
外包装盒

步骤05 擦除铅笔线条，保持画面的整洁。在右上角添加设计说明，并在图上标注包装材质。

步骤06 选择 CG3 号（　　　）马克笔对蜂蜜包装阴影部分进行上色，选择 139 号（　　　）马克笔对包装明暗交界处进行绘制。

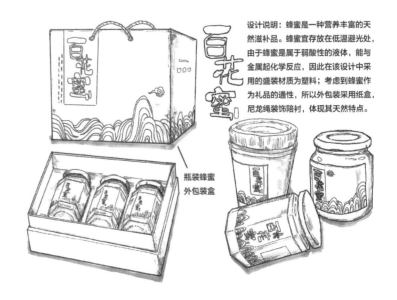

设计说明：蜂蜜是一种营养丰富的天然滋补品。蜂蜜宜存放在低温避光处，由于蜂蜜是属于弱酸性的液体，能与金属起化学反应，因此在该设计中采用的盛装材质为塑料；考虑到蜂蜜作为礼品的通性，所以外包装采用纸盒，尼龙绳装饰陪衬，体现其天然特点。

瓶装蜂蜜外包装盒

设计说明：蜂蜜是一种营养丰富的天然滋补品。蜂蜜宜存放在低温避光处，由于蜂蜜是属于弱酸性的液体，能与金属起化学反应，因此在该设计中采用的盛装材质为塑料；考虑到蜂蜜作为礼品的通性，所以外包装采用纸盒，尼龙绳装饰陪衬，体现其天然特点。

瓶装蜂蜜外包装盒

步骤07 选择 35 号（　　　）马克笔、34 号（　　　）马克笔、132 号（　　　）马克笔、102 号（　　　）马克笔、12 号（　　　）马克笔给罐装蜂蜜包装上色。选择 37 号（　　　）马克笔给蜂蜜包装的商标进行上色。

步骤08 选择 99 号（　　　）马克笔、24 号（　　　）马克笔、BG3 号（　　　）马克笔分别对罐装蜂蜜瓶盖处进行上色，上色时需注意高光处的留白处理、不同材质的高光表现，以及立体的刻画。

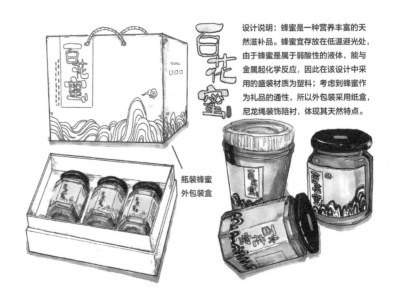

设计说明：蜂蜜是一种营养丰富的天然滋补品。蜂蜜宜存放在低温避光处，由于蜂蜜是属于弱酸性的液体，能与金属起化学反应，因此在该设计中采用的盛装材质为塑料；考虑到蜂蜜作为礼品的通性，所以外包装采用纸盒，尼龙绳装饰陪衬，体现其天然特点。

瓶装蜂蜜外包装盒

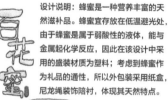

设计说明：蜂蜜是一种营养丰富的天然滋补品。蜂蜜宜存放在低温避光处，由于蜂蜜是属于弱酸性的液体，能与金属起化学反应，因此在该设计中采用的盛装材质为塑料；考虑到蜂蜜作为礼品的通性，所以外包装采用纸盒，尼龙绳装饰陪衬，体现其天然特点。

步骤09 选择97号(■■■)马克笔、99号（ ■■■ ）马克笔对盒装蜂蜜包装进行上色，注意对包装材质的表现。

瓶装蜂蜜外包装盒

步骤10 选择 12 号（ ■■■ ）马克笔、37 号（ ■■■ ）马克笔、97 号（ ■■■ ）马克笔、99 号（ ■■■ ）马克笔进行上色，绘制出商标。在绘制时，注意上色均匀及字体粗细的变化。

瓶装蜂蜜外包装盒

设计说明：蜂蜜是一种营养丰富的天然滋补品。蜂蜜宜存放在低温避光处，由于蜂蜜是属于弱酸性的液体，能与金属起化学反应，因此在该设计中采用的盛装材质为塑料；考虑到蜂蜜作为礼品的通性，所以外包装采用纸盒，尼龙绳装饰陪衬，体现其天然特点。

【要点提示】

①瓶装蜂蜜包装设计采用了山的简化元素做插图，在绘制时，先画出山的轮廓，再对每一座山进行刻画。

②在绘制罐装蜂蜜包装时，注意瓶盖处凹凸的纹理，用明暗对比突出其纹理。

③盒装蜂蜜包装内含3瓶蜂蜜，在绘制时应尽量保证3瓶蜂蜜的大小、形状、色调一致。

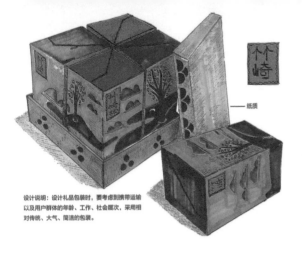

设计说明：设计礼品包装时，要考虑到携带运输以及用户群体的年龄、工作、社会层次，采用相对传统、大气、简洁的包装。

纸质

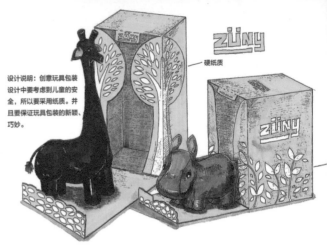

硬纸质

设计说明：创意玩具包装设计中要考虑到儿童的安全，所以要采用纸质。并且要保证玩具包装的新颖、巧妙。

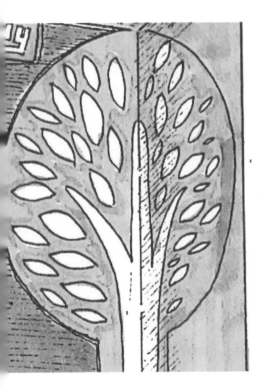

第 **7** 章

创意包装设计案例解析

| 本 章 要 点 |

创意是一种具有战略眼光的设计策略，具有前瞻性、目的性、针对性。创意定位策略是包装设计取得成功最核心、最本质的因素。

本章主要介绍创意包装设计的概述、创意包装快题设计等内容。

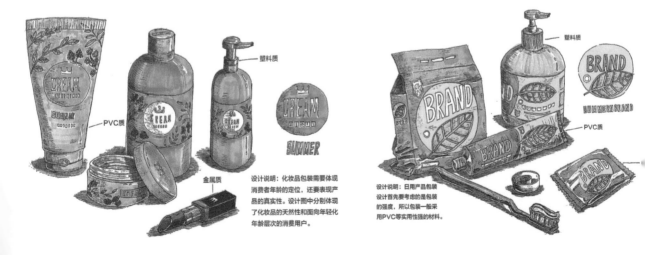

塑料质

PVC质

金属质

设计说明：化妆品包装需要体现消费者年龄的定位，还要表现产品的真实性。设计图中分别体现了化妆品的天然性和面向年轻化年龄层次的消费用户。

塑料质

PVC质

设计说明：日用产品包装设计首先要考虑的是包装的强度，所以包装一般采用PVC等实用性强的材料。

7.1 创意包装设计概述

　　包装设计已经成为现代商品不可缺少的部分，有创意的包装设计不仅仅是商品进入市场的靓丽外衣，更是一种价值体现。在市场经济越来越发达的今天，或许"买椟还珠"的故事已经不适合再当一个反面教材，而应该成为一个经典的包装营销案例。

　　现代包装设计需要给人带来全新的视觉体验，对传统的包装设计方式和理念要进行改进，在大胆地采用现代化元素进行设计的过程中，也要对优秀的传统文化元素进行提取并利用。因此，在进行包装设计时，应该对各种元素进行合理安排，以给人带来良好的包装设计视觉效果。

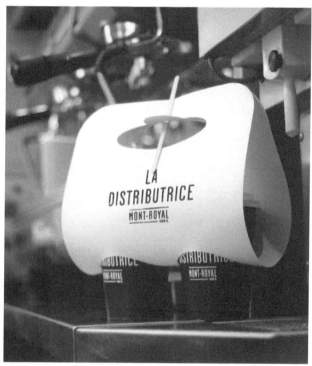

7.1.1 创意包装设计的原则

　　包装设计的原则是科学、经济、可靠、美观，这是根据包装设计的规律总结出来的科学原则。

　　（1）"科学"是指包装设计必须首先考虑包装的功能，达到保护产品、提供方便和促进销售的目的，满足人们日常生产与生活的需要。

　　（2）"经济"要求包装设计必须符合现代先进的工业生产水平，做到以最少的财力、物力、人力和时间获得最大的经济效果。这就要求我们的包装设计要有利于机械化的大批量生产，有利于自动化的操作和管理，有利于降低材料消耗和节约能源，有利于提高工作效率，有利于保护产品、方便运输、使用维修、储存堆垛等各个方面。所有这一切都是经济原则所包含的内容。包装设计的经济原则关系到国家经济和个人利益，应予高度重视。

　　（3）"可靠"是要求包装设计能可靠地保护产品，不能使产品在各种流通环节上被损坏、被污染或被偷窃。这就要求设计时应对被包装物进行科学的分析，采用合理的包装方法和材料，并进行可靠的结构设计，甚至要进行一些特殊的处理。例如，集装箱底部的木板就必须进行特殊的杀菌、杀虫处理等。

（4）"美观"是广大消费者的共同要求。包装设计必须在功能、材料及技术条件允许的前提下，为被包装的产品创造出生动、精美、健康、和谐的造型设计与装潢设计，从而激发人们的购买欲望。

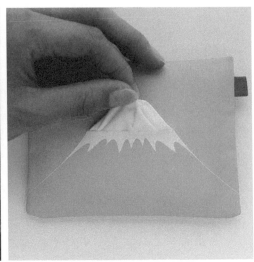

7.1.2　创意包装设计的方法和要点

1. 包装设计的方法

（1）造型创意。造型创意就是寻找产品在包装外观造型、包装结构等方面的差异，从而突出自身产品的特色。在设计包装造型时，要保证产品的保护功能及便利功能，同时要注意实用性、审美性、经济性及独创性。

（2）图形创意。图形创意主要由图形创意联想和想象力来体现，可分为自然形、抽象形、寓意图形。

（3）字体创意。字体创意是指有图案意味或装饰意味的被美化了的文字，它有双重含义，一是文字本身排列组合、字号的大小，二是对文字进行美化、装饰化。

（4）包装造型设计。包装造型设计主要体现在包装的构成、包装盒形设计、包装的容器造型设计、包装材质质感的表现上。

2. 包装设计的要点

（1）加强绿色设计理念的应用。随着经济与科技的发展，现代化社会对于绿色环保越来越重视，加强包装设计过程中的绿色生态理念应用，可以有效地促进包装设计行业的革新。

（2）加强包装上图形元素的个性设计，提高包装设计水平。包装上的图形是包装设计中的重要组成部分，具有引人注意的作用。在注意度上，图形明显强于文字，因此，在一个作品中，包装上的图形设计的成败至关重要。在设计的过程中，为了提升包装上图形的视觉效果，要对包装上的图形进行个性化处理；为了提高包装上图形元素的视觉效果，可以加强包装上抽象图形元素的应用。

（3）加强对现代化技术的应用。随着科技的发展，各种设计类软件已有效地提高包装的设计水平；新型环保包装材料的研制成功，也为包装行业带来了新的尝试与突破。

（4）结合传统文化进行设计。包装设计不但要追求时代性，还要强调对传统元素的运用，以体现民族文化的内涵。

7.2 创意包装快题设计

商品包装作为商品设计的延续，已成为商品营销的一个基础元素。富有创意的包装，已成为企业提升品牌品位最简单、最有效的方法。

7.2.1 日用品包装设计

【题目要求】

自拟日用品包装方案设计一组日用品包装，要求设计标志1个，包装1组（至少包含5个包装单体），并撰写设计说明。

【题目解析】

设计日用品包装时，一般要考虑材质强度、产品大小及功能。在绘制日用品包装效果图时，策略定位要准确、符合消费者心理，同时要注意画面构图的合理性，透视及比例关系的准确性，图形的色调和材质等方面要一致。

【设计构思】

　　这是一组日用品包装设计，在包装结构方面，有袋装、瓶装、管装等方式；在包装装潢方面，主要采用了树叶及商标元素进行装饰；在产品造型方面，因为每个产品造型、结构、功能不同，所以会根据每个产品的特点进行绘制；在色彩上，选择橙色、蓝色、绿色为主色；在材质方面，选择实用强的塑料材质、铝箔材质，符合日用品的特性。

【绘制步骤】

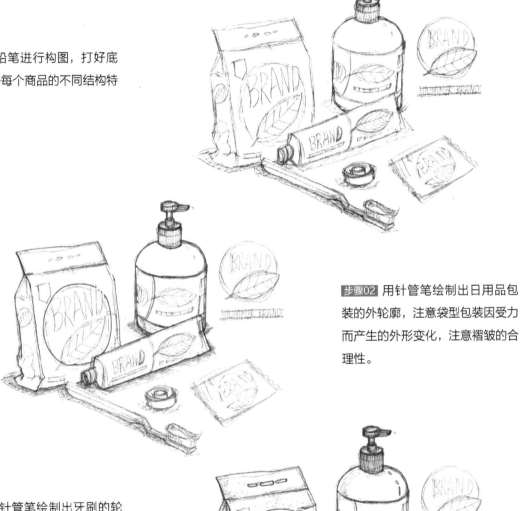

步骤01 用铅笔进行构图，打好底稿，区分好每个商品的不同结构特征与造型。

步骤02 用针管笔绘制出日用品包装的外轮廓，注意袋型包装因受力而产生的外形变化，注意褶皱的合理性。

步骤03 用针管笔绘制出牙刷的轮廓和独立小包装的外轮廓，注意牙刷的结构关系，以及牙膏形态的变化。

步骤04 用针管笔绘制出产品的细节图与商标，注意商标要随着日用品包装的形状做适当改变。擦除铅笔线条，保持画面的整洁。

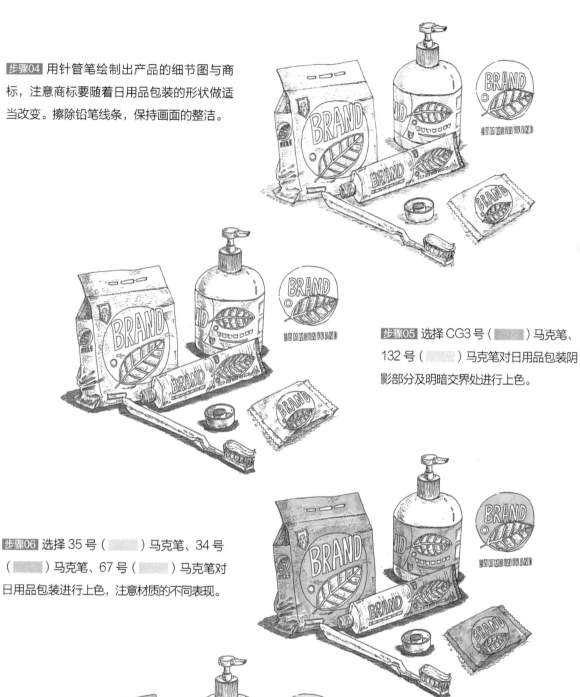

步骤05 选择 CG3 号（▨▨▨）马克笔、132 号（▨▨▨）马克笔对日用品包装阴影部分及明暗交界处进行上色。

步骤06 选择 35 号（▨▨▨）马克笔、34 号（▨▨▨）马克笔、67 号（▨▨▨）马克笔对日用品包装进行上色，注意材质的不同表现。

步骤07 选择 63 号（▨▨▨）马克笔、55 号（▨▨▨）马克笔对日用品包装进行上色，注意牙刷高光处的留白处理。

步骤08 选择 132 号（▢▢▢）马克笔对瓶装日用品进行上色，选择 BG3 号（▢▢▢）马克笔、68 号（▢▢▢）马克笔和白色高光笔对日用品包装进行深入刻画。添加设计说明，标注包装材质，使画面的内容更加完善，绘制完成。

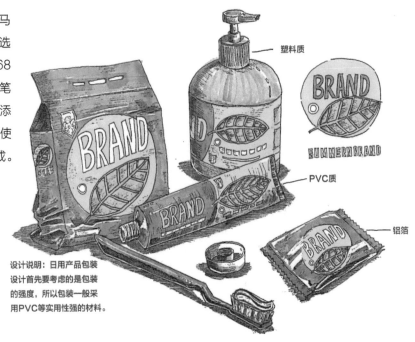

塑料质

PVC质

铝箔

设计说明：日用产品包装设计首先要考虑的是包装的强度，所以包装一般采用PVC等实用性强的材料。

【要点提示】

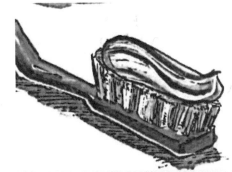

①绘制塑料包装袋时要注意对质感的刻画，塑料包装的反光、明暗关系对比明显，在褶皱部分表现最明显。

②对于结构较为复杂的产品包装，在绘制之前一定要先掌握好产品结构，再进行绘制，这样才可以绘制出精准的效果图。

③在绘制牙刷时，要注意抓住牙刷的特点，对细节处进行处理。对材质进行区分。

7.2.2　化妆品包装设计

【题目要求】

　　自拟化妆品包装方案设计一组化妆品包装，要求设计标志 1 个，包装 1 套（至少包含 5 个包装单体），并撰写设计说明。

【题目解析】

　　在绘制化妆品包装设计时，要考虑消费者定位、消费者心理，同时要注意画面构图的合理性，透视及比例关系要准确，图形之间在色调和材质等方面要做到一致。

【设计构思】

　　这是一组化妆品包装设计，在包装的结构方面既有膏状物质常用的盒装结构，也有水质物质常用的瓶装结构，还有口红包装常用的管装结构。既有大包装，也有方便携带的小包装。本包装方案在纹样方面，采用了植物元素及商标元素；色彩上大多采用了面向年轻用户的紫色与象征天然的绿色，口红采用金色、棕色，突出产品的时尚、奢华感；在材质方面采用了塑料、金属材质，具备防渗漏、坚固等特性。

【绘制步骤】

步骤01 用铅笔进行构图，打好底稿，注意产品与产品之间的遮挡关系及远近关系。

步骤02 在铅笔稿的基础上，用针管笔绘制出一些化妆品包装的轮廓，注意对结构的把握及对不同材质的表现。

步骤03 用针管笔绘制出另一些化妆品包装的轮廓。

步骤04 在铅笔稿的基础上，用针管笔绘制出化妆品包装的纹样及细节，注意不同包装的构图关系、纹样要统一。对阴影部分细节进行刻画。

步骤05 用针管笔对商标进行刻画。擦除铅笔线条，保持画面的整洁。

步骤06 选择 CG3 号（　　　）马克笔对化妆品包装的阴影部分进行上色。

步骤07 选择 76 号（　　　）马克笔、56 号（　　　）马克笔给化妆品包装铺底色，上色要根据轮廓进行。

步骤08 选择 9 号（⬜）马克笔、55 号（⬜）马克笔给化妆品商标上色，选择 CG3 号（⬜）马克笔给产品阴影部分上色。

步骤09 选择 12 号（⬜）马克笔、34 号（⬜）马克笔、91 号（⬛）马克笔给口红包装上色，上色时注意区分不同材质，高光处要留白。

步骤10 在右下角添加设计说明和包装材质，使画面的内容更加完善，绘制完成。

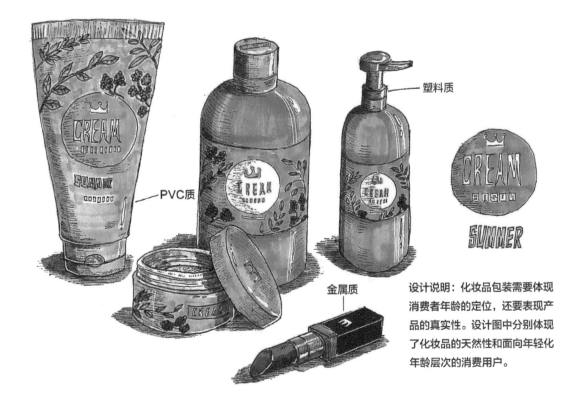

塑料质

PVC质

金属质

设计说明：化妆品包装需要体现消费者年龄的定位，还要表现产品的真实性。设计图中分别体现了化妆品的天然性和面向年轻化年龄层次的消费用户。

【要点提示】

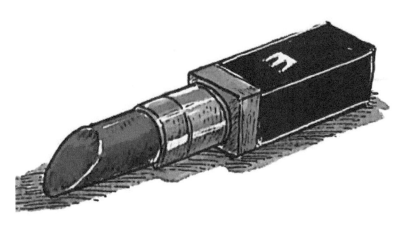

①在绘制口红时，注意材质的区分及对结构的把握，同时注意对透视关系的刻画。

②注意对瓶口处细节的刻画。在绘制线稿时，用针管笔进行区分。上色要沿着瓶子外轮廓进行，注意对明暗的区分及高光处的留白处理。

7.2.3 科技电子产品包装设计

【题目要求】

自拟科技电子产品包装方案设计一组科技电子产品包装，要求设计标志 1 个，包装 1 套（至少包含两个包装单体），并撰写设计说明。

【题目解析】

在绘制科技电子产品包装时，要强调保护和运输的功能，注意防震抗压的要求，策略定位准确且符合消费者心理，同时要注意画面构图的合理性，透视及比例关系要准确，图形的色调和材质等方面要做到一致。

【设计构思】

这是一组科技电子产品包装设计，在包装结构方面，采用组合的形式进行包装，添加了防震技术；在纹样上，采用耳机的实物图与商标的元素进行装饰，内容简单明了，主题突出；在色彩方面，采用了暗灰色调来突出产品，一抹红色使产品更加醒目；在材料方面选用了塑料材质、硬纸材质、瓦楞材质等，起到保护产品及方便运输的作用。

【绘制步骤】

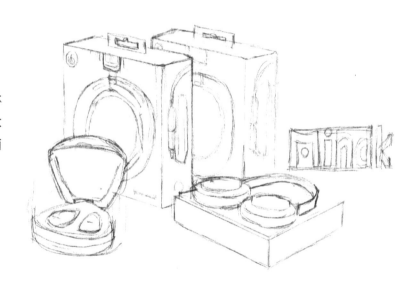

步骤01 用铅笔进行构图，确定整体构图比例，区分好图形、标志的大概位置。注意对细节的刻画，画面的布局要合理，透视要准确。

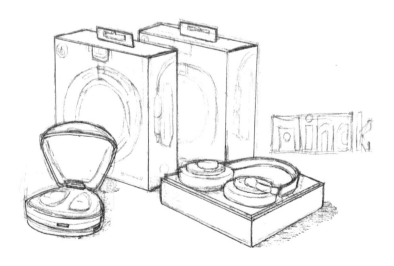

步骤02 用针管笔绘制出电子产品包装的外轮廓。

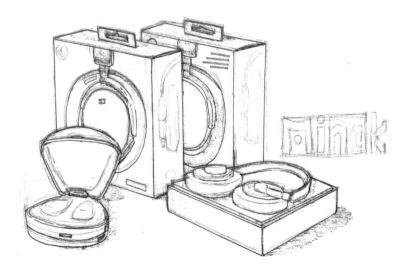

步骤03 用针管笔勾勒电子产品包装上的部分纹样。

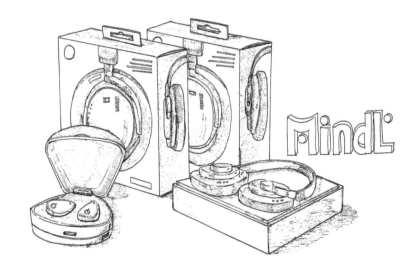

步骤04 用针管笔绘制出电子产品、包装的细节图及商标。绘制完成后擦除铅笔线条。

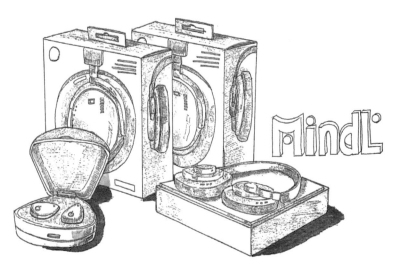

步骤05 选择 WG2 号（　　　）马克笔、102 号（　　　）马克笔分别对电子产品包装的明暗交界及阴影处上色。

步骤06 选择 CG3 号（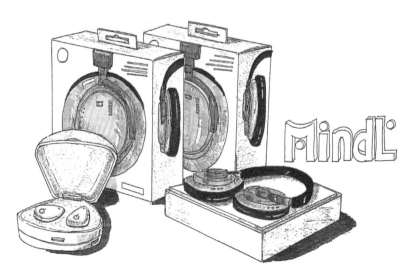）马克笔、GG7 号（　）马克笔、99 号（　）马克笔对电子产品包装进行上色，在上色时，注意高光处要留白处理。

步骤07 选择 WG6 号（　）马克笔、12 号（　）马克笔给电子产品包装上色，要依据产品包装轮廓进行上色。

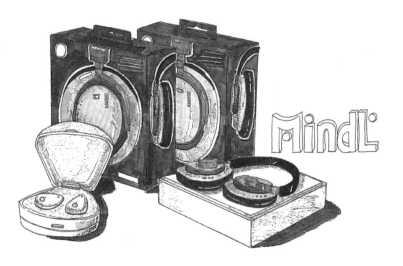

步骤08 选择 107 号（　）马克笔、WG2 号（　）马克笔给产品包装上色，选择 169 号（　）马克笔、42 号（　）马克笔、BG7 号（　）马克笔给耳机上色。

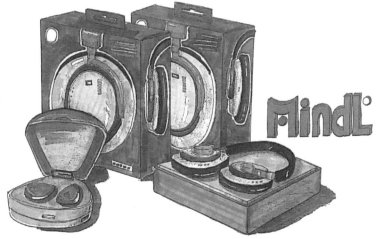

步骤09 选择 16 号（▩▩）马克笔、BG5 号（▩▩）马克笔给产品商标上色。选择 36 号（▩▩）马克笔、白色高光笔对电子产品包装进行细化。给设计效果图添加设计说明，标明材质，使画面的内容更加完善。

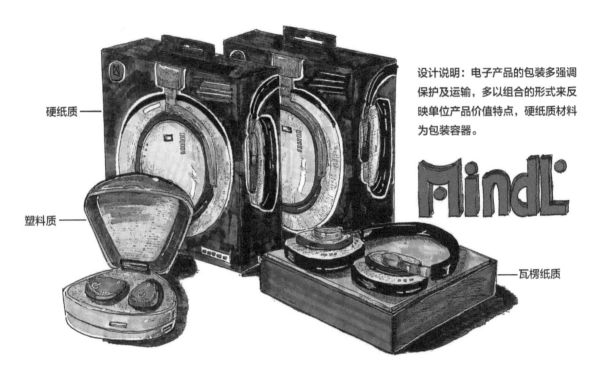

设计说明：电子产品的包装多强调保护及运输，多以组合的形式来反映单位产品价值特点，硬纸质材料为包装容器。

硬纸质

塑料质

瓦楞纸质

【要点提示】

①注意对耳机体积感的把握，用色彩区分明暗面，在明暗交界处用白色高光笔沿着纹理绘制出高光处。

②在绘制耳机之前，要先了解耳机的结构与材质。在绘制时，要抓住材质特点进行绘制。

7.2.4　儿童玩具包装设计

【题目要求】

自拟儿童玩具包装方案设计一组儿童玩具包装，要求设计标志 1 个，包装 1 套（至少包含两个包装单体），并撰写设计说明。

【题目解析】

在设计儿童玩具包装时，要考虑到材质的安全及造型的新颖，同时要注意画面构图的合理性，透视及比例关系的准确性，图形的色调和材质等方面要做到一致。

【设计构思】

　　这是一套儿童玩具包装设计，在包装的结构方面，采用了不规则盒形的包装方式，玩具造型新颖独特；在用色上，产品的包装主要使用鲜艳的绿色来表现，玩具主要使用橙色、棕色来表现，两者间产生了强烈的对比，起到吸引消费者注意力的作用；在包装的材质方面，考虑到安全性，选择了硬纸质。

【绘制步骤】

步骤01 用铅笔进行构图，打好底稿，区分好图形、标志的大概位置。刻画动物玩具的形体结构，注意画面的布局要合理，透视要准确。

步骤02 用针管笔绘制出玩具及玩具包装的外轮廓，注意对玩具形态的把握。

步骤03 刻画长颈鹿玩具包装的细节图，注意对树叶纹样大小关系、疏密程度的合理把握。

步骤04 用针管笔绘制出河马玩具包装的细节图。

步骤05 用针管笔绘制出商标，擦除铅笔线条，保持画面的整洁。

步骤06 选择 CG3 号（ ）马克笔、132 号（ ）马克笔对玩具包装的阴影部分进行上色。

步骤07 选择 47 号（▨▨▨）马克笔给玩具包装铺底色。

步骤08 选择 94 号（██████）马克笔、34 号（▨▨▨）马克笔分别给长颈鹿玩具和河马玩具铺底色，上色时注意明暗关系的表现。

步骤09 选择 99 号（■■■■）马克笔、198 号（■■■■）马克笔、CG3 号（■■■■）马克笔、白色高光笔刻画玩具包装细节。添加设计说明和包装材质说明，使画面的内容更加完善，绘制完成。

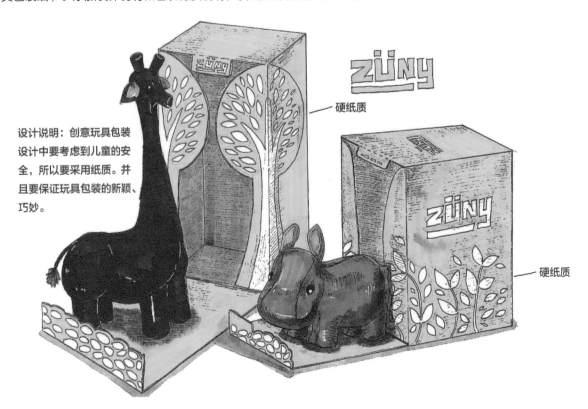

设计说明：创意玩具包装设计中要考虑到儿童的安全，所以要采用纸质。并且要保证玩具包装的新颖、巧妙。

硬纸质

硬纸质

【要点提示】

①在绘制河马时，要抓住河马的特点进行夸张、简化，沿体型凹凸绘制明暗交界线。上色时，也要沿明暗交界对玩具进行上色，注意对玩具的立体刻画。

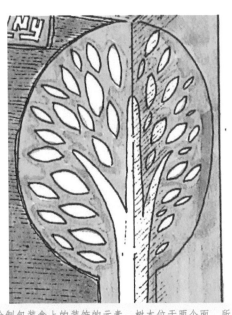

②绘制包装盒上的装饰的元素。树木位于两个面，所以在绘制时要注意整体透视关系，以及两边图案大小、角度的变化。

7.2.5　礼品包装设计

古语云："千里送鹅毛，礼轻情义重。"如何通过包装设计把情感表达出来，让礼品真正做到传情达意，是值得认真探讨的问题。

礼品包装作为商品包装中的一类，除了必须达到包装的基本功能，即保护商品、方便运输、推销商品以外，还应具有传递人与人之间情感的作用。礼品包装是人类情感沟通的媒介。

1. 礼品包装设计要素

礼品包装传递产品信息及感情信息。礼品包装设计是"时尚"的体现，是"流行元素"的体现，也是"文化"的体现。

2. 礼品包装的创意与暗示

包装是商品的面孔，礼品包装的创意要以原创性为原则。礼品包装具有暗示性，可具备美好寓意，这些寓意要力求从包装结构、材料、造型、装潢、版面色彩、图形、文字、标志等方面来体现。

3. 礼品包装的风格与形式

（1）时尚前卫风格。包装视觉元素主要采用复古的圆形、浪漫的卷草纹等，色彩常采用深紫色、浅紫色、经典黑色，以表现奢华的感觉，主要用于个人彩妆品牌、糖果的包装、时尚饰品的包装等，为年轻时尚女性所喜爱。

（2）传统典雅风格。适合成年女性，材料常选用亚麻布、富有光泽的青紫色丝带、镶满钻石的针织物等，多用于首饰类包装设计。

（3）奢华风格。多用于高档产品，如珠宝的包装设计。包装具有奢华、高贵的意味，具有原创性和个性化的特点。常采用胡桃木、真皮等材料，经过光泽处理、特殊制作，使产品包装传达出一种珍贵性。

（4）怀旧风格。多用于家庭工具箱、缝纫工具、蛋糕等产品的包装。包装外部常采用 20 世纪 30 年代的插图设计，内部采用彩色条纹装饰，看起来实用且时髦，使烦琐的家务劳动变得有趣、轻松。

4. 礼品包装设计制图

【题目要求】

自拟礼品包装设计方案，设计一组礼品包装，要求设计标志 1 个，包装 1 套（至少包含 1 个包装单体），并撰写设计说明。

【题目解析】

在绘制礼品包装效果图时，策略定位应准确且符合消费者心理，同时要注意画面构图的合理性，透视及比例关系要准确，图形的色调和材质等方面要一致。

【设计构思】

这是一组礼品包装设计，要考虑物品应易于携带、运输，以及目标消费者的年龄、工作、社会层次。在结构方面，采用盒装的结构；在材料方面，则选择纸质，具有方便运输、环保的特点。

本组礼品包装设计主要采用山、水、树和商标等元素进行装饰，选用红色、墨绿色、藏青色、蓝色等颜色为主色，运用传统的绘制手法，表现出传统、简洁、大气的包装风格。

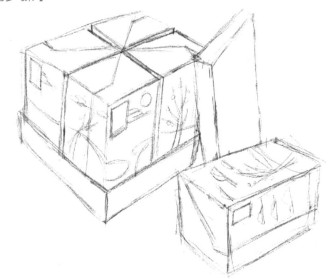

步骤01 用铅笔进行构图，打好底稿，区分好图形、标志的大概位置，明确产品的遮挡关系。注意元素的布局要合理，透视关系要准确。

步骤02 在铅笔稿的基础上，用针管笔绘制出礼品包装的外轮廓，注意把握透视关系。

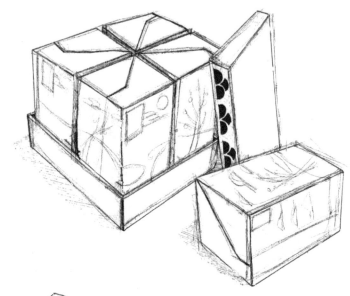

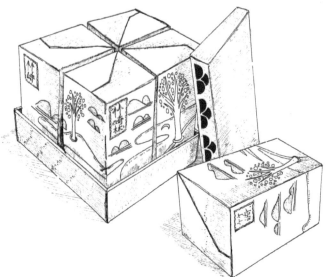

步骤03 用针管笔绘制出礼品包装的细节，注意画面的整体性。擦除铅笔线条，保持画面的整洁。

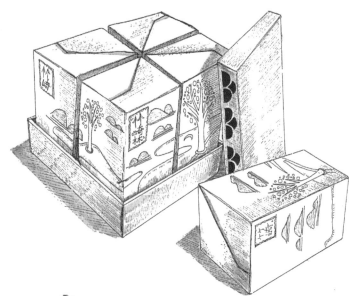

步骤04 选择 WG2 号（▨▨▨）
马克笔对礼品包装阴影部分进行
上色。

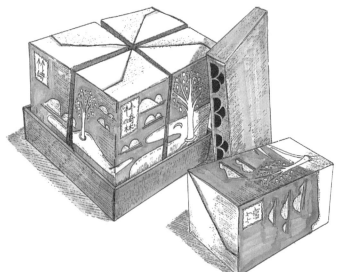

步骤05 选择 140 号（▨▨▨）马克
笔、132 号（▨▨▨）马克笔对礼
品包装进行上色。

步骤06 选择 2 号（▨▨▨）马克笔、
14 号（▨▨▨）马克笔、62 号（▨▨▨）
马克笔、42 号（▨▨▨）马克笔对
礼品包装进行上色。

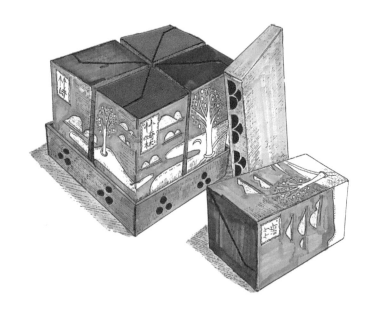

步骤07 选择 7 号（▬▬）马克笔、50 号（▬▬）马 克 笔、94 号（▬▬）马克笔对礼品包装纹样进行上色。

步骤08 选择 7 号（▬▬）马克笔对商标进行上色，添加设计说明并标明材质，绘制完成。

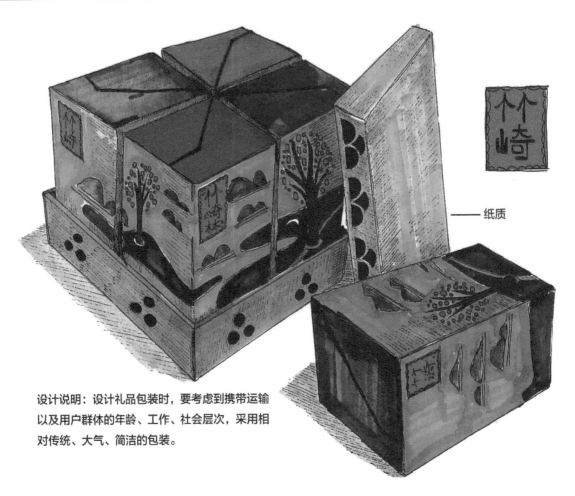

——— 纸质

设计说明：设计礼品包装时，要考虑到携带运输以及用户群体的年龄、工作、社会层次，采用相对传统、大气、简洁的包装。

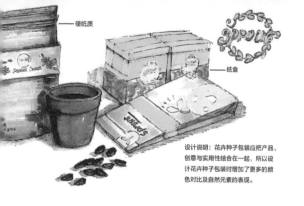

——硬纸质

——纸盒

设计说明：花卉种子包装应把产品、创意与实用性结合在一起，所以设计花卉种子包装时增加了更多的颜色对比及自然元素的表现。

设计说明：糖果包装设计得更加新颖，以便激发消费者的购买欲望。

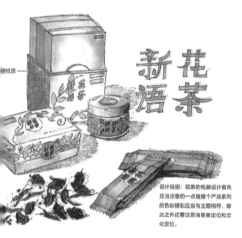

——硬纸质

设计说明：花茶的包装设计首先应当注意的一点是整个产品系列的色彩搭配应当与主题相符，除此之外还要注意消费者定位和文化定位。

——硬纸盒

点的包装设计应 材料，颜色统一 可拆卸化，重视 利用。

第 8 章

系列化包装设计案例解析

系列化包装是现代包装设计的主要趋势。它是把一个企业或一个品牌的不同种类的产品用一个共性的包装特征进行同一风格的设计。

本章主要介绍了系列化包装设计概述、系列化包装设计考题解析、糖果系列包装快题设计、花卉种子系列包装快题设计、花果茶系列包装快题设计及甜品系列包装快题设计等内容。

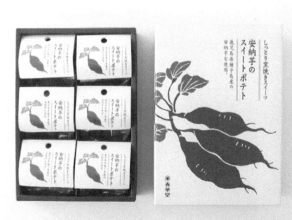

8.1 系列化包装设计概述

　　商品包装系列化对于企业来说有利于品牌的树立与推广，增强广告宣传的效果，强化消费者的印象，提升了广告续传的价值。

　　商品包装系列化对于设计的好处是既有多样的变化美，又有统一的整体美，上架陈列效果强烈；容易识别和记忆；能缩短设计周期；便于新品种的设计；方便制版印刷。

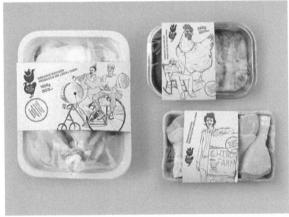

8.1.1 系列化包装设计理念

1.整体性突出，视觉效果强烈

　　系列化包装通常是为某一品牌的同一系列产品量身定制的。通过色彩、形态、大小、图案等元素的变化进行同中有异、异中有同的设计，使商品统一、有序地呈现在消费者面前，呈现于市场中。突出的整体性能提高产品的辨认度，也能够达到更好的陈列效果，刷新消费者的视觉体验。更好的陈列效果主要通过以下几个方面表现出来。

　　（1）整体性突出的系列化包装设计，加强了商品在陈列中的整体面貌的呈现，会产生较大的视觉冲击。

　　（2）同一系列包装产品在陈列中会占用较大的空间，其组合性和统一性所产生的规则之美和群体之美，有利于吸引消费者，从而在市场竞争中占有较大的优势。

2. 有利于商品的宣传和销售推广

因为系列性的包装设计往往以组合的形式呈现在消费者的视线中，所以消费者很容易注意到商品的品牌和整体形象，会对它们产生一个比较深刻的印象，这样便有利于企业形象的树立和商品品牌的宣传，企业和品牌的知名度也随之得到提升。若产品的质量有保障，品牌的美誉度也会大大提升，那么产品的销售和推广就变得如鱼得水了。

3. 设计风格统一

在生活中有各种各样的产品包装，它们或是简洁大方或是清新淡雅，风格迥异的包装设计构成了市场上的繁杂景象。系列性的包装拥有统一的风格，能把消费者的视野从错综复杂的各类产品中吸引过来。

包装设计的统一风格也可以表现在包装的造型、文字字体、色彩、图案等因素上，这些因素的编排组合排列具有一定的规律性，表现方式上取得一致，规整起来便会形成统一的风格特点。

8.1.2　系列化包装视觉传达设计形式

包装视觉传达创意设计要素主要表现在设计构思的表现、包装图形设计、包装色彩设计、包装文字设计等 4 个方面。

设计构思的表现：表现商品属性、把握档次、突出品牌、选择主体形象、传达情感、确立风格。

包装图形设计：商业插图、商业摄影、写实绘画图形、归纳简化图形、抽象图形、装饰图案。

包装色彩设计：色彩的商品性、色彩的整体性、色彩设计的象征性、色彩的审美性、色彩的情感性。

包装文字设计：品牌形象文字、广告宣传性文字、功能性说明文字。

1. 不同规格与内容的商品系列化包装

特点：统一的品牌图形、主题文字表现手法，通过对造型及色彩的改变进行创作。

2. 造型与规格相同的商品系列化包装

特点：采用相同的构图形式、表现手法、图形、文字，采用不同的色调。

3. 多品种不同造型的系列化包装

特点：采用相同的表现形式、表现手法、品牌名、造型，采用不同的图形内容。

4. 同类产品组合性系列化包装

特点：采用相同的造型、图案、文字、色彩变化，设计不同的容量大小。

8.1.3 系列化包装设计的新趋势

  如今，系列化包装设计在市场中的存在感逐渐上升，相对于单个包装而言，系列化包装的优点已逐渐突显。系列化包装产品可供消费者的选择性较大，它的多样性可以满足不同消费者的需求。整体性和统一性也是很大的优势，系列化包装设计会产生一种规律的美感，视觉效果较好，同时也会使消费者对品牌和企业形象产生较为深刻的印象，对品牌的辨识度也会有所提升，宣传方面也会产生较好的效果。

  系列化包装设计在市场的竞争中已占据了一定的优势，将备受企业和消费者的喜爱，对市场的影响力也会越来越大。

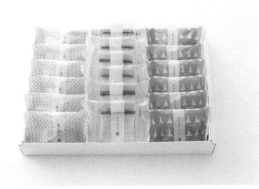

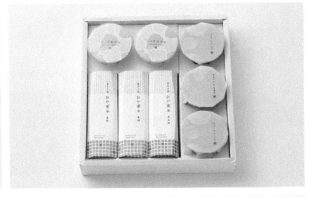

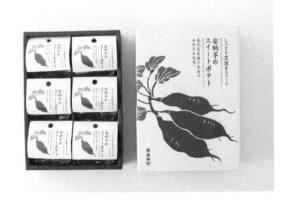

8.1.4　产品包装设计理念及设计目标

在系列化包装设计更多地占据市场的过程中，要有一定的策略才能使设计呈现出更加新颖、深刻、独特的视觉效果，加深消费者对品牌的印象。

品牌的视觉形象要符合大众的审美标准，同时要符合系列化包装的组成要素。首先是统一商标，在视觉形象中标志是相当重要的，标志可以传递给消费者许多的信息，也是企业形象的代表。标志的设计可以通过图案、文字、色彩等视觉符号表现出来，大小要适当，组合要有节奏。

统一的文字字体或是统一的图案、统一的色彩，这些都是除了标志以外能构成包装设计系列化的元素，它们之间的相互组合也要形成一种视觉美感。对消费者来说，审美态度也会是一个很大的购买动机。

风格的统一也是必不可少的，在系列化包装设计中，不管是运用色彩的变化、大小的变化还是结构的变化来区分产品，在风格上都要始终保持统一，同时也要巧妙地结合产品的性质。

一个系列产品成功的宣传活动不仅能够树立良好的产品形象，还可以树立较好的企业与品牌形象的功效。通过广告、产品包装等手段打造一系列的宣传活动可以加强宣传效果。系列广告相对于单个广告设计更具有创意性和延续性，表现效果更加持久，可以加强消费者对品牌的记忆。

在系列广告宣传设计中，所有作品之间所传达的信息都要有关联性。可以从不同的方面展开来表现出同一个主题，或是按照一定的逻辑顺序叙述性地表达。

无论广告宣传还是包装宣传，所有的作品风格都要保持统一，这样才能强烈地体现出和谐感和整体感。

8.1.5　概念包装

概念包装追求材料形式表达的自由度，它可以让包装表现出独特的设计个性来增强它的商品竞争力。灵活运用同一材料、相似材料、对比材料，不断协调包装的外观与功能。

概念包装设计是迎合市场创新需求推行出来的一种包装设计方法，既突破了包装功能与形式，又探讨了程序上的创新，还能引导消费者的行为和审美趋向，能够促进并形成新的生活方式。

8.1.6 最终生产制图与模型制作

"模型"是指对研究的系统、过程、物品或概念的一种表达形式，也指根据实验、图样放大或缩小而制成的样品，一般用于推敲、展览、实验或铸造机器零件等，多指模仿实物或设计的构造物的形状制成的雏形。

草图设计与效果图表达毕竟是一种虚拟的技术，对容器造型体面和空间的处理难免不具体和不完善，因此在初步设计定稿之后，还需要制作等比例的立体模型，再加以推敲和验证，检验一下容器是否符合需要，并可以调整平面图纸与立体实物的视觉误差，核实商品的容量。目前我们常用的制模材料有石膏、泥料、木料、有机玻璃、尼龙、塑料板、金属材料等，简单的几何形体大多以石膏完成。

应用石膏制作模型时，一般采用的工具有木刻刀、石刻刀、锯条机、乳胶、砂纸等，采用的制作方法主要包括直接塑形法、转台塑形法、翻模塑形法等。

形体复杂的模型，如表面有浮雕纹样的，可用泥料雕塑；以块面为主的小体积模型，则可用有机玻璃或塑料板黏合成型。

绘制结构与工艺图包括以下几个步骤。

（1）根据几何投影的原理，画出正、俯、侧立面三视图；

（2）为了表现内部结构，接下来要画出剖视图，剖视图可以与立面三视图画在一起；

（3）在设计图上要标注尺寸，特别是几个主要的大尺寸，标注尺寸的方法要按照国家标准制图技术规范。更详细的尺寸可以在制作图上（模具设计图）标注出来。

8.2　系列化包装设计考题解析

1. 统一牌名

牌名即产品的姓名，统一牌名是产品包装系列化的惯用方法，把企业经营的各种产品统一牌名后形成系列化，以争取市场和扩大销路。

2. 统一商标

商标是企业、厂商的形象，系列包装上反复出现商标形象，以形成统一商标的包装系列化，利于识别品牌，提高产品的市场竞争能力。

3. 统一装潢

尽管产品多种多样，造型结构各不相同，也可以在统一牌名、统一商标的同时，应用统一装潢、统一构图形成系列化。如统一格调的画面、统一格调的装饰和拼合画面等，能产生有节奏感、韵律美的、多样统一的系列化包装效果。

4. 统一造型

对于造型结构多样的产品，形成系列化的办法是统一基本形及其特征。例如，有的瓶装产品的瓶身不同，就可在瓶盖上统一造型特征；有的瓶身大小、高低不同，可以统一强调某些造型装饰特征。在造型结构及装潢都达到统一的情况下，可在装潢画面上标明不同品种，或以不同的色彩来区别不同品种，从而形成格调一致的系列化包装。

5. 统一文字

统一文字字体也是包装系列化的一个重要方面。在包装装潢设计中，字体排列起着很大的作用，单是字体统一也可达到系列化效果。

6. 统一色调

根据产品的类别和特征，确定一种颜色作为系列化包装的主色调，使顾客单从颜色上就能直接辨认出是什么品牌、什么产品。

7. 根据使用对象统一包装

根据不同使用对象分成不同系列产品，以便不同的消费者使用不同的商品。例如，儿童护肤品系列、女性化妆品系列、男性化妆品系列等，设计出反映不同对象特点的系列包装。

8. 成套的包装系列化

以将同类商品合成一组的形式，把具有同一使用目的的小件工具、用品、食品集装成盒、成袋、成包，形成系列化，既方便顾客，又利于提升销售量。

8.3　糖果系列包装快题设计

【题目要求】

自拟糖果系列产品包装方案，设计一组糖果系列包装，要求设计标志1个，包装1组（至少包含5个包装单体），并撰写设计说明。

【题目解析】

　　糖果包装设计要考虑到保护产品安全、刺激消费者购买欲和体现商品价值。糖果类包装主要有扭结式包装、枕式包装、折叠包装三大类，在绘制糖果系列包装效果图时，要注意包装样式的多样性，策略定位应准确且符合消费者心理，同时要注意画面构图的合理性，透视及比例关系的准确性，图形的色调和材质等方面要做到一致。

【设计构思】

　　糖果系列包装设计主要采用了扭结式包装、枕式包装及袋装，在包装分量上选择了大包装和散装，能更好地满足不同人群的需求。

　　在色彩上，选择了幸福温暖的红色，生机勃勃的绿色，令人心旷神怡的蓝色，以及可爱的黄色为主打色，整体画面具有很强的视觉冲击力。在纹饰方面，选择会引起丰富想象的小怪兽图案，搭配圆润的字体，可起到刺激消费的作用。

【绘制步骤】

步骤01 用铅笔进行构图，打好底稿，注意散落糖果的遮挡关系及疏密关系，每一种包装的特点与细节都需要进行区分。

步骤02 在铅笔稿的基础上，选择针管笔绘制出部分糖果包装的外轮廓，并区分明暗关系。

步骤03 用针管笔绘制出扭结式大糖果包装的外轮廓，注意扭结处的褶皱要清晰、大小不一、错落有致。包装形状要根据包装内物品进行适当变化，用硬线条来表现材质，同时也要注意细节处的处理。

步骤04 用针管笔绘制出散落在周围的椭圆形散装糖果、扭结式长方形糖果。注意处理好疏密及遮挡关系，刻画出每一颗糖果的高光及明暗交界线。在绘制扭结式长方形糖果时，注意褶皱的关系及透视关系。

步骤05 用针管笔绘制出商标及产品的纹样。商标与纹样部分都采用了较为圆润的线条表现，并选择搞怪可爱的小怪兽形象与五颜六色的糖果相结合，符合产品定位。用橡皮清稿，线稿部分绘制完成。

步骤06 选择 CG3 号（▨▨▨▨）马克笔对糖果系列包装阴影及明暗交界部分进行上色。

步骤07 选择 66 号（▨▨▨▨）马克笔、8 号（▨▨▨▨）马克笔给糖果类包装大包装部分铺底色。

步骤08 选择 17 号(▨▨▨▨)马克笔、35 号(▨▨▨▨)马克笔、37 号(▨▨▨▨)马克笔、14 号（▨▨▨▨）马克笔、66 号（▨▨▨▨）马克笔、124 号（▨▨▨▨）马克笔给蓝色大袋糖果包装和散装糖果上色，在上色时注意色彩的搭配。选择选择 17 号（▨▨▨▨）马克笔、35 号（▨▨▨▨）马克笔、37 号（▨▨▨▨）马克笔、66 号（▨▨▨▨）马克笔、47 号（▨▨▨▨）马克笔给扭结式大袋糖果包装上色。选择 8 号（▨▨▨▨）马克笔、35 号（▨▨▨▨）马克笔给商标上色。

步骤09 选择 139 号（ ▢ ）马克笔、47 号（ ▢ ）马克笔、66 号（ ▢ ）马克笔给小袋糖果包装上色，高光处留白处理。选择 8 号（ ▢ ）马克笔、37 号（ ▢ ）马克笔给糖果包装细节处上色。选择白色高光笔对产品高光处进行刻画，在空白处填写设计说明，绘制完成。

设计说明：糖果包装应设计得更加新颖，以便激发消费者的购买欲望。

【要点提示】

①在刻画小怪兽纹样时，要力求造型夸张、生动，适当地加一些细节处理会更好。

②在处理褶皱时，要先分析产品材质再进行绘制，此糖果类包装为塑料材质，因此褶皱部分采用了大面积的硬朗线条，以表现其质感。

8.4 花卉种子系列包装快题设计

【题目要求】

自拟花卉种子系列包装方案，设计一组花卉种子系列包装，要求设计标志1个，包装两组（至少包含5个包装单体），并撰写设计说明。

【题目解析】

花卉种子系列包装设计要考虑产品的保护功能，其次要刺激消费者购买欲。包装设计要美观、有创新且具有同一性。策略定位要准确且符合消费者心理，同时要注意画面构图的合理性，透视及比例关系要准确，图形的色调和材质等方面要一致。

【设计构思】

花卉种子类系列包装设计，在包装结构方面，选择了密封性较好的袋装及盒装包装，结合实用性，还加入了花盆，为消费者提供方便。在材料方面，选择贴近产品、节能环保的纸质材料。在色彩运用方面，选择生机勃勃的绿色、甜美可爱的粉色为主色调，突出了花卉种子的特性。在产品包装上，选用叶子、花朵及拟人化的嫩芽元素作为装饰，使产品包装设计主题鲜明、目标明确，充分体现了花卉种子的商品特性。

【绘制步骤】

步骤01 用铅笔起线稿，区分好各个包装单体的结构特征与造型。在空白处添加一些散落的花卉种子，使画面更加丰富。

步骤02 选择针管笔绘制花盆及袋装种子包装，注意处理好前后的叠压关系与袋装种子包装密封处的压痕。在绘制花盆时，用双线勾勒花盆的盆口处，以表现花盆的厚度；用细短线表现明暗关系，增加花盆粗糙的质感。

步骤03 用针管笔绘制出袋装包装、散落花卉种子及右上角的商标，注意散落的花卉种子形状、大小、方向不一。袋装包装倒在地上，要保证字与整体画面的协调性，同时注意细节的刻画和透视关系的准确性。

步骤04 选择针管笔绘制出盒装包装，两个盒装包装既挨在一起又有一定间距，需要表现出来。因为盒装包装分盒盖与盒身两个结构，所以在绘制时，要注意对盒盖与盒身相交处厚度等细节的刻画。

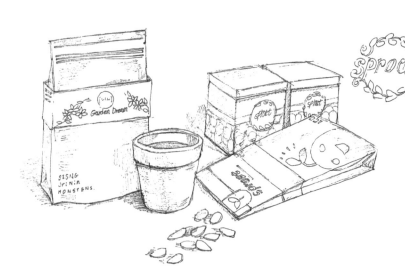

步骤05 选择针管笔刻画花卉种子系列包装商标及纹样部分。在刻画时，选择同一种元素根据具体情况进行绘制，保证既有自身的特点又有整体的统一性。

步骤06 选择 CG3 号（ ▨ ）马克笔对花卉种子系列包装阴影及明暗交界部分进行上色。

步骤07 选择44号（ ▨ ）马克笔、104 号（ ▨ ）马克笔、136 号（ ▨ ）马克笔对袋装包装进行上色。选择 97 号（ ▨ ）马克笔、99 号（ ▨ ）马克笔对花盆及种子进行上色。选择 55 号（ ▨ ）马克笔、136 号（ ▨ ）马克笔对盒装及部分袋装包装进行上色。在上色时，注意部分进行留白处理，以表现包装的质感。

步骤08 选择 59 号（ ▨ ）马克笔、46 号（ ▨ ）马克笔、124 号（ ▨ ）马克笔和 8 号（ ▨ ）马克笔给部分袋装包装及盒装包装上色并绘制细节。选择 8 号（ ▨ ）马克笔和 55 号（ ▨ ）马克笔刻画袋装包装细节处。

步骤09 细化花卉种子系列包装，选择白色高光笔对画面高光处进行刻画，注意区分不同材质的高光特点。添写设计说明，标明应用材质，绘制完成。

硬纸质

纸盒

设计说明：花卉种子包装应把产品、创意与实用性结合在一起，所以设计花卉种子包装时增加了更多的颜色对比及自然元素的表现。

8.5 花果茶系列包装快题设计

【题目要求】

自拟花果茶系列包装方案，设计一组花果茶系列包装，要求设计标志1个，包装1组（至少包含4个包装单体），并撰写设计说明。

【题目解析】

本案例选择运用简单大方的长方体和圆柱体为外包装和内包装的造型。花果茶的包装方式可以分为散装、袋装和盒装3种，3种包装方式满足了不同消费人群对花果茶的需求。花果茶具有食物特性，因此包装要保证产品的光泽、香味、形态，且能延长货架寿命。在绘制花果茶系列包装效果图时，要做到策略定位准确、符合消费者心理，同时要注意画面构图的合理性，透视及比例关系要准确。

【设计构思】

花果茶的消费人群大多为年轻女性，因此采用了时尚、现代的设计风格。在包装方面，采用了商标、花朵、叶子和果子等元素进行装饰，以表现出自然、健康的产品特点。在色彩方面，选择了浪漫的紫色为主色调，使用清新自然的绿色、温馨可爱的粉红色进行点缀，形成画面的整体色调。在材质方面，选择了自然环保的硬纸质为主要材质，符合产品整体的策略定位。

【绘制步骤】

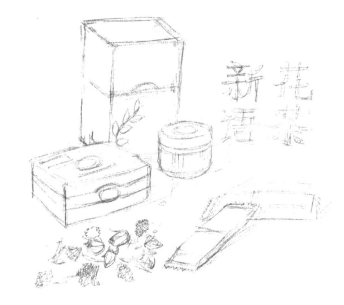

步骤01 用铅笔进行构图，画面整体构图饱满，能清楚地体现每一个单体包装的特点及结构。这一步线条不要画得过重，注意单体包装的叠压关系。

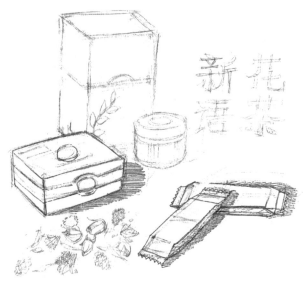

步骤02 用针管笔绘制出画面中靠前部分的盒装包装与袋装包装的轮廓、阴影部分，注意把握好透视关系及结构关系。

步骤03 选择针管笔绘制出其余花果茶包装，在绘制时，要注意包装的透视关系，准确地刻画出包装结构。注意果子纹样的叠压关系，用短线画出果子的细节部分。各包装的阴影处也用短线来表现。瓶装包装整体分瓶盖、瓶身上下两个部分，绘制瓶盖时，要注意瓶盖处凸出的圆形装饰，绘制瓶身时，要注意瓶身两端的倒角处理。

步骤04 选择针管笔绘制出散落在左下角的花果茶，花果茶由不同品种的果实组成，每一种都有其自身特点。注意绘制出花果茶散落的特点，整体疏密有度，间距长短不一。用短线区分花果茶的明暗，绘制出其细节部分。

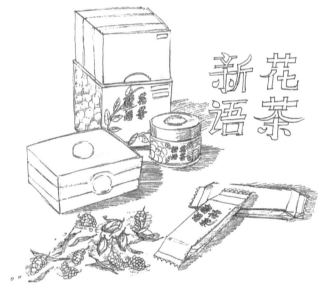

步骤05 用针管笔在右上角绘制出商标并且在包装上添加商标。选择橡皮工具擦除线稿。

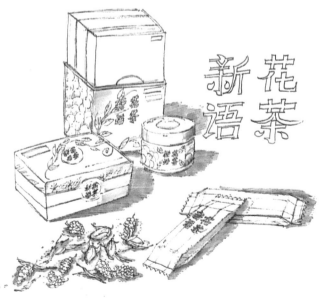

步骤06 选择 CG3 号（▧▧▧▧）马克笔对花果茶系列包装整体的阴影部分及明暗交界处进行上色。

步骤07 选择 86 号（■■■）马克笔、77 号（■■■）马克笔、46 号（■■■）马克笔对盒装包装进行上色。选择 86 号（■■■）马克笔、46 号（■■■）马克笔、8 号（■■■）马克笔对瓶装包装进行上色。选择 77 号（■■■）马克笔、8 号（■■■）马克笔对袋装小包装进行上色。选择 GG7 号（■■■）马克笔、55 号（■■■）马克笔、41 号（■■■）马克笔、2 号（■■■）马克笔对散落的花果茶进行上色，选择白色高光笔对散落花果茶进行高光处理，高光处要根据物体形状的变化而变化。

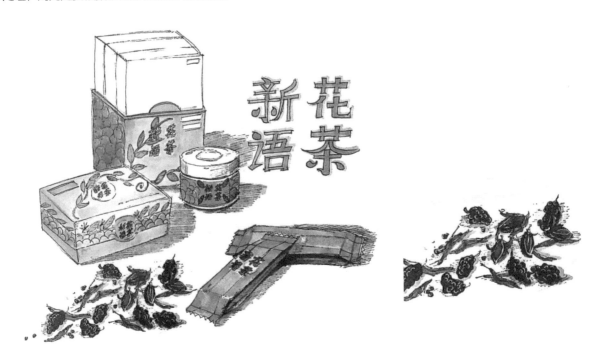

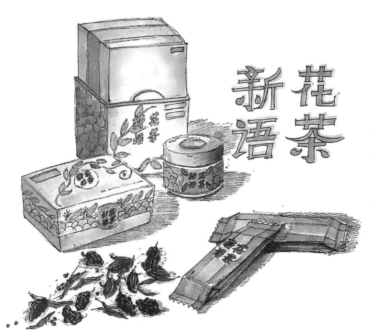

步骤08 选择 75 号（■■■）马克笔、9 号（■■■）马克笔、132 号（■■■）马克笔、77 号（■■■）马克笔对花果茶系列包装进行上色。

步骤09 添加设计说明，标明使用材质，绘制完成。

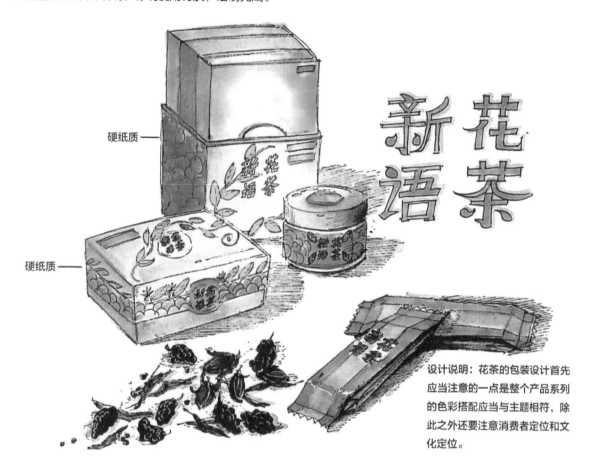

硬纸质 ——

硬纸质 ——

新花
语茶

设计说明：花茶的包装设计首先
应当注意的一点是整个产品系列
的色彩搭配应当与主题相符，除
此之外还要注意消费者定位和文
化定位。

8.6 甜品系列包装快题设计

【题目要求】

自拟甜品系列化包装方案，设计一组甜品系列包装，要求设计标志1个，包装1组（至少包含4个包装单体），并撰写设计说明。

【题目解析】

目前，市场上的甜品包装大多以简便包装为主，缺乏整体规划，容易给客户造成不安全、不放心的印象。甜点作为保质期短暂的食物，应该尽量采用绿色健康的材料进行包装，重视包装材料的再利用。在绘制食品类包装效果图时，策略定位要准确且符合消费者心理。

【设计构思】

这是一组甜品系列包装设计，在包装的结构方面，有袋装、盒装、管装等包装方式。在造型外观方面，选择了传统与现代相结合的设计理念，传统的竹艺编织蒸屉造型让人联想到糕点、食物，同时采用硬纸质的包装设计，具有方便携带、运输的功能，满足了消费者多层次的不同需求。在色彩方面，选择了甜品的形象色黄色、代表着健康升级的绿色、活泼温暖的橙色为主色调。在材质方面，选择了竹子与硬纸板，符合绿色、健康、再利用的理念。

步骤01 用铅笔进行构图，清楚地体现每一个单体包装的特点及结构。注意单体包装的叠压关系，画面的布局要合理，透视要准确。

步骤02 在铅笔稿的基础上，选择针管笔对甜点及袋装包装进行绘制。在绘制甜点时，要注意其造型特征及对细节处的刻画；在绘制袋装包装时，要注意结构关系及倒角处的处理。

步骤03 用针管笔绘制竹制蒸屉造型包装，在绘制时，注意竹盖处的编织纹理，整体要符合逻辑且错落有致、编织紧密。在刻画绳结时，要注意绳子的质感，整个结要刻画得自然、美观。

步骤04 用针管笔对盒装包装进行
刻画，注意包装的透视关系。

步骤05 用针管笔对商标进行绘制，
注意整体的协调性。选择橡皮工具
进行清稿，线稿绘制完成。

步骤06 选择 CG3 号（▨▨▨）
马克笔对甜品系列包装的阴影
及明暗交界部分进行上色。

步骤07 选择 43 号（▢▢▢）马克笔、11 号（▢▢▢）马克笔、35 号（▢▢▢）马克笔对商标进行上色，选择 121 号（▢▢▢）马克笔、68 号（▢▢▢）马克笔、55 号（▢▢▢）马克笔对盒装包装甜品纹样进行上色，高光处留白处理。

步骤08 选择 25 号（▢▢▢）马克笔、24 号（▢▢▢）马克笔对产品包装进行上色，注意对产品质感的刻画。

步骤09 添加设计说明，标明产品包装材质，绘制完成。

竹编 ——

硬纸盒 ——

设计说明：甜点的包装设计应尽量采用绿色材料，颜色统一化，包装设计可拆卸化，重视包装材料的再利用。